U0209580

仙骨佛心

——家具、紫砂与明清文人（增订版）

严克勤 著

生活·讀書·新知 三联书店

目　录

3

序

二十世纪六十年代初，我曾听过一学期朱光潜先生讲授的《西方美学史》。朱先生说，有志于研究美学的人，必须至少懂得一门艺术，如文学、绘画或音乐等，以免成为空头美学家。这个对初学者的忠告，朱先生在他的文章中也曾多次提到过。

我是学中国文学的，工作性质几经变化，后来主要从事中国古代文学批评史的教学工作。受朱先生这番话的启发，我觉得搞中国古代文学理论，应该对中国古代艺术如绘画、书法、音乐等也有一定的修养。但由于主客观条件的限制，我至今仍对中国古代艺术知之甚少，因而不能把中国古代文论与整个古代艺术精神结合起来进行考察。

读了严克勤先生的《仙骨佛心——家具、紫砂与明清文人》一书，更使我深感自己的不足。

克勤先生的这部专著，正如其副题所表明的那样，不同于一般的介绍鉴赏明式家具和宜兴紫砂壶的书籍，而是论述明清文人与家具及紫砂壶的关系的理论性著作。

作为工艺美术，明式家具和紫砂壶为什么能达到功能性与审美性的高度统一，使得它们至今仍成为人们称

明·黄花梨灯挂椅
高108cm，宽40cm，长50cm
比利时菲利普·德·巴盖"侣明室"藏

道珍赏的艺术瑰宝呢？作者指出："究其原因，人们会发现，这都与那时代的文人墨客的参与是分不开的。"书中通过层层深入细致的分析，论证了明清文人为何钟情于家具和紫砂壶，使之从普通的实用器具上升到艺术范畴，并在其中展现出文人的精神理想世界。

由于作者本人擅长书画，具有亲身的创作经验和较高的艺术素养，因此能对明清家具和紫砂壶的艺术特征有精到的体认和概括，而且能旁搜远绍，追本溯源，将它们与中国整个艺术精神的传承发展联系起来。例如，作者认为，明式家具、紫砂壶的最大艺术魅力体现在它们简素空灵的追求，这既是传统知识分子性情深处超逸脱俗的心态的展现，也是我国"以线造型"的美术思想精髓的演进发展。这样，就令人信服地揭示出了明式家具和紫砂茶壶的素雅简练、流畅空灵所蕴含的无限丰富的艺术世界，它们绝不是几件家具、几把茶壶而已。

一部好的著作，不只能给人以知识，还能给人以启发。就我个人而言，克勤先生关于明清文人在提升明清家具及紫砂壶的艺术品位过程中所起作用的精辟论述，引发我思考这样一个问题：我们应该如何看待明清文人

明·黄花梨罗汉床
长202.5cm，宽86.4cm，高91cm
攻玉山房藏

的精神境界和生活情趣？相当长的一个时期，人们总是批评他们逃避现实，追求享受乃至精神颓废，等等。十数年前，我和一位老同学注释过日本友人合山究教授编选的《明清文人清言集》。我请张中行先生作序，张先生在序中指出这些文人的生活态度是"理想为儒，实行用道"，有其可取之处："其一是不甘心于柴米油盐，浑浑噩噩。他们寻求人生的意义，能入能出。入是观照，出是超脱。其二是他们想了些办法，夸大些说，能够变人境为诗境。"张先生对他们基本上采取了肯定的态度，这在当时是难得的。现在读了克勤先生的书，使我对张先生说的"变人境为诗境"一语有了新的体悟：明清文人对艺术的不懈追求和杰出贡献，不正是他们这种"变人境为诗境"的人生理想的具体体现和必然结果吗？

我想，无论是家具和紫砂壶的行家，还是像我一样的外行，都会对克勤先生的这部富有创意的谈艺之作产生浓厚的兴趣，并从中获得教益和启发吧！

陈曦钟

2007年11月于北京蓝旗营

一花一世界 一树一菩提

——明清文人的精神载体

　　每当我看到那些简约质朴的明式家具和精美绝伦的紫砂壶，都忍不住惊叹其流畅的线条、简练的造型，它们所表现出来的儒雅风韵和人文气质是如此的相似。观之气韵流畅，飘逸中内含风骨；抚之仙骨玉肌，硬朗中略带温润，美轮美奂，令人爱不释手。究其原因，人们会发现，这都与那时代的文人墨客的参与是分不开的。

　　也正是由于文人的参与，才有了明式家具和紫砂壶在海内外无与伦比的地位。

　　"明式家具"作为一专业名称，一般指的是以硬木制作、风格简练、做工精细的明代家具。王世襄《明式家具研究》中是这样界定的："'明式家具'一词，有广、狭二义。其广义不仅包括凡是制于明代的家具，也不论是一般杂木制的、民间日用的，还是贵重木材、精雕细刻的，皆可归入；就是近现代制品，只要具有明式风格，均可称为明式家具。其狭义则指明至清前期材美工良、造型优美的家具。"我们这里所说的明式家具，主要指狭义的概念，而且重点主要放在产于江南吴地一带的"明式"家具。

　　明初，社会生产力得到恢复，农业和手工业相应发展。从嘉靖到万历年间，明代商品经济和工商业空前繁荣，手工业也得到了长足的进步，工匠从"工奴"中解脱出来而更加自由地从事手工业活动。《天工开物》、《园冶》、《髹饰录》、《鲁班经》等著作都是这一时期手工艺艺术和工匠实践经验的如实记录，在这一时期家具制作也得到空前的发展。随着商品经济生产的发展和市民阶层生活情趣的要求，民间工艺美术也有了新的发展。吉祥如意图案在民间普遍流行，上层达官贵人推波助澜，特别是"缠枝花纹"和"夔龙图案"，严谨工整，华丽优美。在工艺装饰上，也形成了一定的规格，所有这些都在明代家具的装饰风格、造型艺术、工艺构造上得到充分的体现。

《天工开物》
日本菅生堂刻本

　　明代家具制作的重镇苏州，是当时全国手工业最密集的地区。《吴县志》载："城中与长洲东西分治，西较东为喧闹，居民大半工技。"从事制造等各行业的工匠不计其数，其生产的产品品种繁多，工艺精良，盖全国之冠。道光《苏州府志》中记载："吴中人才之盛，实甲天下，至于百工技艺之巧，亦他处不及。"除吴中之外，江南各地也都有名人高匠，传扬四方。

　　手工业的充分发展、民间工艺美术的繁荣、江南各地名匠名品佳作的流传，客观上随着当时都市经济的繁荣、社会财富的集聚、市民阶层和达官贵人消费水平的提高，

明永乐青花瓷上的缠枝花纹

明式家具上的螺钿夔龙图案

推动了奢靡之风的盛行。

至明后期，"不论富贵贫贱，在乡在城，男人俱是轻裘，女人俱是锦绣，货物愈贵而服饰者愈多。"（钱泳《履园丛话·臆论》）苏州等地出现"富贵争盛、贫民尤效"的风气。这不仅仅体现在服饰上，当时的婚嫁习俗、家庭摆设对家具提出了新的要求，到了"既期贵重，又求精工"的地步。除以当地榉木制作外，纷纷启用花梨、紫檀、乌木等优质硬木加以精工细作。特别需要指出的是，这一时期唐寅、李渔等文人骚客纷纷加入家具的设计、风格的研讨、时式的推广，特别将个性化的艺术思想融化到具体的器具之中，使得那时文人的思想、艺术和独特的审美观都得到了充分的体现，同时，也使明式家具制作达到了出神入化的境界。

家具的发展是一个历史进化和演变的过程，中国家具的产生上可溯至新石器时代。自夏、商、周三代，人们多是席地而坐，用篾编成席，筵作铺垫。其间，也出现了床的记载。《战国策·齐策》所云："孟尝君出行国，至楚，献象床。"至汉，"床"使用得更加广泛。用于载人者皆称床。汉代刘熙《释名·释床帐》云："床，装也，所以自装载也"、"人所坐卧曰床"。西汉后，又出现了称为"榻"的坐具。从出土的大量汉墓画像砖、画像石和汉墓壁画中，发现了不少反映人们生活各层面使用的榻、案、几等家具。

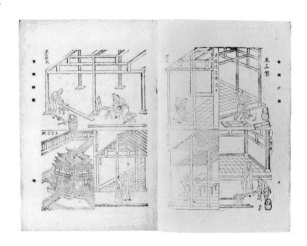

《鲁班经》

民国·启文书局版

此书为明代北京提督、工部御匠司司正午荣汇编，叙述了各种房屋、家具、日用器物的制作原料及构件的尺寸，绘制精准。家具包括交椅、八仙桌、琴桌、衣柜、大床、藤床、衣架、面盆架、座屏、围屏等。其成书年代正值明式家具的制作取得高度成就之时。

魏晋南北朝以后，高型家具渐多。绘画鼻祖、无锡人顾恺之所画的《女史箴图》和《洛神赋图卷》就有坐榻、大床、折屏和曲足案，表现极为丰富、完整。隋唐五代时期家具所表现出来的等级和使用范围更加广泛。五代顾闳中《韩熙载夜宴图》、周文矩《重屏会棋图》（北京故宫博物院藏）画中主要人物垂足而坐与围绕他的人们的不同姿态所形成的主仆关系一目了然。上海人民出版社出版的《敦煌石窟全集二十五卷·民俗画卷》第43页26号图肉坊壁画表现的是门前设两张桌案；第66页49号图所表现的是宅内设置，正房炕上放有小炕桌，三人盘腿而坐，促膝交谈；50号图表现的是坐卧家具，此画右侧上下均是床，左侧上是榻，榻的靠背上搭挂衣物，左下为椅，一僧人正在椅上禅坐。可见，隋唐时席地坐与垂足坐是并存的。但凳、床、榻、椅等家具已发展起来。至宋代，虽然在床榻等家具中仍保留着唐五代时的遗风，但家具种类功用更加丰富，品种更加多样。单凳就有方凳、圆凳、条凳、春凳，名目繁多。我

们从宋代的绘画中就可以看到家具的发展完全不同于前朝历代。

中国传统家具在造型、结构上基本定型，具体形制也让我们从当时的绘画中看出家具在各个方面的展现，领略了当时社会各阶层的生活的多样性和家具形制、家具功用的多样性，了解了当时人们社会生活的方方面面具体生动的细节。如宋徽宗的《听琴图》中出现的琴桌和高几、北宋画家张择端的《清明上河图》描绘的市井店铺家具等等。从帝王将相、文人雅士到市井平民，家具与特定人群的特定生活紧紧相连。宋代家具实物极为少见，我们也只能从宋代的绘画作品和墓室壁画中有所了解。

二十世纪八十年代，在无锡市所辖的江阴北宋"瑞昌县君"孙四娘子墓中出土了杉木质一桌一椅。其工艺考究，桌面之框已采用45度格角榫连接。框内有托档两根，用闷榫连接。桌面上下前后均饰牙角。这与宋代出现的《营造法式》等著作相印证，反映了宋人在技术工

13

艺和艺术表现上的理性、精湛，体现了宋代科技、文化、艺术所达到的历史高度。随着社会经济、文化的发展，家具在工艺、造型、结构、装饰等方面日臻成熟，至明代大放光彩，进入一个辉煌时期，辽宁省博物馆所藏的仇英版《清明上河图》和中国国家博物馆藏《南都繁会图》卷所展示的南京、苏州等江南地区繁华的城市街坊、风物人情的景象，充分反映了明代江南经济文化之繁荣。明代家具，就是在这样的历史文化、社会经济、民间工艺的历史背景中发展成熟并走向高峰。

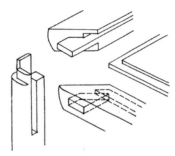

明·罗锅枨圆腿方桌
桌面角格角榫结构
《中国历代家具图录大全》录

在旧志中称"唯夫奢侈之习，未能尽革"的苏州，在公元十五至十七世纪出现了美轮美奂的明式家具，使中国古典家具达到了巅峰；与此同时，在旧志中称"士大夫不衣文绣，不乘舆马"的宜兴，在此时及稍后，同样出现了足以与明式家具并称双璧的紫砂壶艺术。

紫砂壶的产生，从某种意义上可以说是中国陶瓷艺术发展的一个偶然结局。由于紫砂泥料的发现和它的特性以及珍稀程度，使得以紫砂泥料制作的器具品种逐渐地稳定在茶壶制作上。这是自然的选择，也是功能的选择。

饮茶方式的改变和紫砂性能的特殊性是紫砂器具主要以茶壶为主体的外在条件。明代以前，饮茶的方式是点茶、煎茶和泡茶并存。三种方式中，点茶和煎茶在制作茶汤时所用的壶具并不直接和饮用茶汤的人产生密切的接触。好比厨房用具，虽然在制作菜肴时有着重要的作用，但并不与品尝菜肴的人有直接的关系，所谓"美食美器"指的是美食与盛放美食的餐具。在品尝点茶和煎茶的时候，饮茶者接触到的"器"，是茶盏或茶碗。是以陆羽当年品评茶具时，是在邢瓷与越瓷茶盏中加以选择，这是因为茶具最后参与茶道品评的是盏而不是壶。这时期，壶在茶道中虽然也有一定的功能地位，但并不在茶道品评的范畴内，也就是说，在饮茶程序中，由于壶与饮者的距离，对壶的关注被忽略了。

唐宋两代的煎茶和点茶流行了相当长的时间，到了明初，在朱元璋之子宁藩朱权所著的《茶谱》一书中记载的饮茶方式仍然是点茶。此书所列茶具，均为银、锡、铜之类，没有出现紫砂壶。

但此时的壶具，已经由于泡茶法的推动，逐渐与饮茶者拉近了距离。

明初，朱元璋下令废止饼茶，提倡散茶，饮茶方式逐渐改变，泡茶法渐渐成为主流。泡茶法省掉了碾茶、煮茶的工序，直接将茶叶投入壶具中以热水浸泡，然后注入茶杯中饮用，这样就缩短了壶具与饮茶者的距离，使得茶壶的审美需要成为茶道中重要的一环，对茶壶的功能也提出了新要求。

紫砂壶大行其道，首先是基于饮茶方式的改变后壶具地位的上升。明初泡茶法的流行，提升了茶壶在饮茶程序中的地位，对茶壶的功能和审美的需求逐渐显得重要。

在紫砂壶大量出现之前，茶壶有多种质地，瓷壶是其中极为常见的。但瓷壶较之紫砂壶，有着一些功能上的缺点。一是瓷壶导热快，壶体釉面光洁，导致与手的接触面积较大，滚烫的水注入后，极易烫手。难以像紫砂壶那样，捧在手中把玩。其次，制作瓷壶所采用的高岭土本身结构致密、吸水率极低，加之壶壁内外施釉，与紫砂壶相比，在泡茶时体现为透气性差，水温持续过高，茶汤容易闷得过熟，影响茶汤的品质。

因此，当宜兴紫砂被用于制壶之后，人们迅速认识到了紫砂壶在泡茶性能上的优越性。《阳羡名陶录》称"茶壶以砂者为上，盖既不夺香，又无熟汤气"。

朱权所著的《茶谱》是明代出现最早的茶书，在此后的近百年中没有新的茶书出现，新茶书的出现是在明晚期，这期间紫砂壶已成为流行的茶具。《阳羡茗壶系》中记载："近百年中，壶黜银锡及闽豫瓷，而尚宜兴陶……名手所作，一壶重不数两，价重一二十金，能使土与黄金争价。"学者依此推算，紫砂壶在茶事中出现，当在明代中期。

一般学者认为，南京中华门外马家山油坊桥明代嘉靖十二年（1533）司礼太监吴经墓中出土的紫砂提梁壶是目前唯一有绝对年代可考的明嘉靖早期紫砂壶。这把紫砂壶的特征，与宜兴近年窑址地层考古发掘中发现的明代紫砂壶陶片吻合，其壶嘴的形制和口沿形制等相同，与金坛金沙广场古井中出土的几把明代晚期提梁壶也类似。

明·司礼太监吴经墓出土
紫砂提梁壶
高17.7cm，口径7cm
南京市博物馆藏

"紫砂壶"是陶瓷艺术中与茶文化结合最紧密的艺术品。烧成后的紫砂壶能呈现出特有的肌理效果，透气性比一般陶泥制品要好得多，一经泡养把玩，其壶面"包浆"光泽的雅趣不在玉器之下。紫砂的主要产地是著名的陶都宜兴。宜兴地处太湖之滨，湖沼星罗、河港密布，山峦起伏、土地肥沃，人杰地灵、物产丰富，山区盛产陶土

和竹木。宋代以来，宜兴陶瓷工匠就发现和使用紫色陶土，紫色陶土属一种矿石，经过碾磨成泥后制成紫砂器。明代以来，宜兴制壶艺人人才辈出，巨匠大师巧夺天工各领风骚，紫砂艺术登上了艺术的大雅之堂。

紫砂壶的发展从初创时期即十七世纪之前的古雅淳朴，到十七世纪中叶逐渐成熟的华丽光艳，进而又由于文人的参与达到淡雅简洁。纵观紫砂壶的历史发展及其演变，表现为由粗趋精、由大趋小、由繁趋简、返璞归真的过程。

元末明初，宜兴仍然是以缸、坛、罐、瓮等日用陶瓷器皿的制作为主。明正德年间，由宜兴湖滏地区的金沙寺僧开始掌握紫砂泥的特性，并利用当地制陶工艺及缸、瓮、坛等器皿的形制特色开始制作紫砂壶。据明周高起《阳羡茗壶系》所记载："金沙寺僧，久而逸其名矣，闻之陶家云，僧闲静有致，习与陶缸瓮者处，抟其细土，加以澄炼，捏筑为胎，规而圆之，刳使中空，踵傅口、柄、盖、的，附陶穴烧成，人遂传用。"紫砂壶正是由金沙寺开始，以一传十、以十传百发展兴盛起来。从金沙寺僧至明嘉靖、隆庆年间的"四大名家"、"六大高手"形成了紫砂壶制作的专业化、艺术化。供春以后名手辈出，各竞风流。

由明至清，特别是康熙到乾隆时期，紫砂壶制作又在明代的基础上再往前推进了一大步。工艺更加成熟，品种日趋繁多。制壶工艺和装饰手法都有了新的创造和发明，达到了空前的繁荣。制壶高手不断涌现，出现了陈鸣远、陈曼生、杨彭年、杨凤年、邵大亨、黄玉麟等耀眼的名家。嘉庆、道光年间，紫砂壶发展发生了新的变化，一批文人士大夫开始介入紫砂壶的制作。文人参与是这一时期紫砂壶制作的时代特征，也是紫砂壶真正走入艺术殿堂的主要因素。文人参与虽然前期也有，但唯此时期独盛，而逐渐成为紫砂壶艺的主流，为紫砂壶的发展注入了极大的文化艺术的元素。十七世纪中叶，紫砂器制作进入鼎盛期，诗、书、画与陶艺相融；工匠师与文人结合。紫砂壶制作艺术从此具有更高的文化品位和文人化倾向，出现了陈鸿寿（曼生）这样的具有深厚艺术造诣和才华的紫砂艺术大师。曼生的贡献主要在于三个方面：一是制作了一批具有文学内涵的茗壶，提高了紫砂壶的文化价值；二是把绘画、书法、篆刻艺术用于紫砂壶的装饰，提升了紫砂茗壶的艺术价值；三是设计创新的一批新的紫砂壶形制款式，丰富了紫砂壶的造型艺术。也正是由于陈曼生的介入才使紫砂壶与中国文学、艺术和人文精神结合得如此深刻，形成了紫砂壶的独特魅力。

明式家具和紫砂壶虽为日常用具，但在特定时代的经济、文化的影响下，更由于文人的直接参与，便产生了特有的文化艺术品位和价值。它们作为一种文化载体，所表达的正是那个时代文人的思想、意趣和审美理想，折射出当时社会的五光十色。也正是由于这些多元化元素的融入，使得平常器具的制作更趋向艺术作品的铸炼。明式家具、紫砂壶之所以有这样辉煌的艺术成就，有如此众多的"神品"、"妙品"，与当时文人的参与是绝对分不开的。

然而，文人为何钟情于家具与紫砂器具，使之从普通的实用器具上升到艺术范畴；同样，在文人的参与中，又如何在这些实用器具中展现文人的精神理想世界，这将是值得我们探讨的问题，在这里，我们首先从下面的

明·时大彬制鼎足盖圆壶
高11cm，口径7.5cm
福建省漳浦县文化馆藏

清·陈鸣远制东陵瓜壶铭文拓本
南京博物院藏
铭文："仿得东陵式，盛来雪乳香。鸣远"

一张木刻版画来谈起。

　　这是明代余象斗的自画像，画像中展示的是这位生活于万历年间的知识分子的生活场景。这张画像是附在《仰止子详考古今名家润色诗林正宗十八卷》目录后的半页插图，像这样以编辑人的生活图景出现的画面，版本学家黄裳在《插图的故事》一书中认为是绝对的孤本，十分珍贵。

　　在这张画中，余象斗悠然自得地在案后做着编辑工作，案前的几上焚着香，一旁的小童正在烹茶，这无疑为我们揭示出当时家具和茶具在生活中所扮演的角色。富于诗意的恬静的生活，必然对生活中的物件提出相应的要求，这也是传统文人对物质世界改造的一个逻辑必然。更有意思的是余象斗的身份。加拿大学者卜正民（Timothy Brook）在他的名著《纵乐的困惑——明代的商业与文化》中认定余象斗是商人。卜正民认为"商人渴望得到士绅身份，乐此不疲地尝试各种方法以实现从商人阶层到士绅阶层的转变，其中方法之一就是模仿士绅的行为举止"。

　　不管余象斗是编辑家还是商人（关于余象斗的身份问题，我们在下一节将有论述），有一点是可以明确的，即士绅阶层的生活方式就如这张图中所描述的这样：简约而线条流畅的家具陈设，充满某种意味，袅袅的一缕沉香，烹茶的炉火正旺，茶的香韵弥散开来，院中数枝疏梅也送来淡淡的冷香。在这样的生活场景中，文人与家具、茶具结下不解之缘当然成了情理之中的事了。

三台山人余仰止影图
明·《仰止子详考古今名家润色诗林正宗十八卷》插图
明万历福建建安余氏三台馆刻本

理性地来看，这表面的生活图景并没有足够的说服力来阐明文人与明式家具、紫砂壶的逻辑联系。但更深层地考察，我们发现，明式家具和紫砂壶作为线条的艺术，在明清两代文人的眼中，成为展现他们精神世界的一个载体，或换言之，成为他们表现中国传统艺术精神的一种物化样式。

　　李泽厚先生在《美的历程》中论及中国文字时，认为汉字形体（字形）获得了独立于符号意义（字义）的自成一体的发展轨迹，在它漫长的发展中，"更以其净化了的线条美——比彩陶纹饰的抽象几何纹还要更为自由和更为多样的线的曲直运动和空间构造，表现出和表达出种种形体姿态、情感意兴和气势力量，终于形成中国特有的线的艺术：书法"。其实，从中国艺术发展的全景来看，从彩陶纹饰、青铜纹饰、玉器形制与纹饰，直至后来的书法、绘画和佛像泥塑，中国艺术的发展总体上来讲是线的艺术，注重时间性的线条审美理念，这甚至影响到后起的戏曲声腔，所谓"行腔如线"就是很好的证明。在中国传统审美精神中，"抽象和还原"是其核心精神，艺术史上所说的"无与有"、"道和器"、"形与神"、"意与言"、"笔与墨"等范畴，其实都源于"抽象和还原"。中国艺术精神所追求的高度抽象，最后把客体凝练成最单纯、最朴素的线来表现，同时这种抽象是带有丰富意蕴和无限空间变化的抽象，是充满人的情绪、情感温暖的抽象，是积淀着无限信息码和想象力的抽象。于是简单的抽象线条最后能够还原出无限意蕴和情感的精神世界，这个世界是主观空间的最完整的展现。这种"抽象与还原"是中国传统艺术精神中最重要的一点，它可以使中国艺术"无中生有"、"形神兼备"、"得意忘形"，同时，"弦外之音"、"意中之象"、"有我之境"这种带有主观体验色彩的审美经验成为中国艺术中的基本理论概念，在最单纯的线条中体现精神的丰富，成为中国艺术最富创造性的贡献。

我们听戏的感受，往往在于对声腔艺术的享受。唱腔的一波三折，就是它的音韵线条所展示的美感。优秀的演员都精于唱（感）情，在乐工的协助下，以动人的声腔带动观众的思绪随剧情的抑扬婉转起起落落。

二十多年前，著名戏剧导演阿甲回到家乡无锡，与著名昆剧表演艺术家张继青合作推出了根据《烂柯山》改编的昆剧《朱买臣休妻》。听张继青迤逦的演唱，直接的一个感受就是她那处理声腔的高妙技巧，或者说她控制声音的高超技术。昆曲的演唱是讲究字头、字腹、字尾的，把每个字都能唱得摇曳生姿。可见，声腔其实就是线条的艺术，声音形成的线条，既要足够稳健、苍穆、扎实，仿佛怀素落笔，矫若苍龙，裹挟风雨，同时在呈现的质感上，又是那样的华滋润泽，媚如春阳。声音，不能"粗"、"尖"、"滑"、"糙"，而要"细"、"秀"、"媚"、"润"，在声腔线性表现中，实现着很多的对立与统一。这种对立统一，其实就是审美的张力，而张力的表达，线性形式无疑是很擅长的。

京剧行里常常说"云遮月"的声音最美。所谓云遮月，就是像月亮被轻云所遮，但逐渐破云而出，光华四射。这种声音，和西洋歌剧所要求的声音特点是完全不同的，它讲求对立中的统一。"云遮月"讲求的不是单纯的那种光泽，而是有着矛盾的张力，展现的不是单一的秀美，而是与苍穆统一的甜美。在京剧发展史里记载了

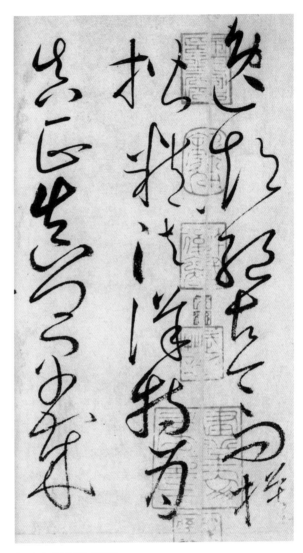

唐·怀素《自叙帖》（局部）
纸本，纵28.3cm，
横775cm；126行，共698字。
台北故宫博物院藏
帖前有李东阳篆书引首"藏真
自叙"四字。卷后有苏辙、文
徵明等众人题跋

程长庚在生命最后时刻对京剧前景的推断，他认定谭鑫培的唱腔会大行其道，其后果不其然，"家国兴亡谁管得，满城争说叫天儿"（谭鑫培艺名"小叫天"）。"大老板"程长庚为什么判定"亡国之音"的谭鑫培的声腔会最后成为舞台上的王者，因为他清醒地认识到，老谭的声腔里，具有原来京剧老生一味讲求苍劲雄壮的声腔里所不具备的甜润华美，在矛盾中达到了新的统一，这是符合中国艺术精神的创造，那必然是王者。这种矛盾统一，像书法中所讲的"折钗股"、"屋漏痕"，也是京剧声腔美学的基本概念。

毫无疑问，书法是直观的"线"的艺术，在书法美学中，折钗股、屋漏痕、锥画沙、印印泥都是著名的美学论断。颜真卿《述张长史笔法十二意》中提到"偶以利锋画而书之，其劲险之状，明利媚好"，是很值得注意的一个论述，其中"险"、"劲"却和"明"、"媚"相协，这就是线条艺术讲求的本质上要求的丰厚，是矛盾统一形成审美张力创造的强烈的美感。唐代开元的公孙大娘舞剑，也是一种"线"性艺术，寒光闪闪的剑影形成的"线"，舞者的身段所舞成的"线"，杜甫在《观公孙大娘弟子舞剑器行》中云："矫如群帝骖龙翔，来如雷霆收震怒，罢如江海凝清光。"老先生观之感慨万分。

线条的艺术，是中国艺术中最基本的，也是蕴含最深的艺术。线是最简单的、最单纯的，但它可以是最丰富的、最复杂的，因为是线条在"抽象与还原"过程中展示了艺术丰富的美。线条能否舒惬人意，其关键在熨帖天意，而天意自在人心。一根简单的线条，往大里说是"天人合一"的一个基点，但实在一点讲，中国的艺

术精神是通过线性来表达的。

中国艺术史，无疑也是一部线的造型艺术史。线体现在青铜、玉器上，便是纹饰艺术；线体现在砖石上，就是造像诏版；线体现在纸墨上，就是书画；线体现在文字中，便是诗词格律；线体现在声音中，便是戏曲唱腔；明清以降，线体现在泥木上，便是明式家具和紫砂壶。从这个意义上讲，明式家具、紫砂壶虽是世俗文化的器具，但因为它集中体现了线的神韵，就进入了雅文化范畴之内，和文人生活就密切相关。

明式家具、紫砂壶集中体现了中国的线条艺术特点：无论明式家具中的桌案几凳还是紫砂壶中的"供春""曼生"，这种线条的独特和空间造型的丰富，正合乎了传统审美的内在规律；同时，诗化的生活和生活的诗化，使明式家具、紫砂壶合乎了中国传统知识分子的审美目标。合规律性与合目的性，这是构成文人与明式家具、紫砂壶因缘的深层原因。

在中国艺术的发展中，功能性和审美性的统一，也是一个突出的特点。无论青铜、玉器、书法、瓷器，这些艺术样式都有着强烈的功能性特点，但同样又成为中国传统文化的典型代表，这样一个由功用向独立艺术发展的轨迹，同样也适合明式家具、紫砂壶的发展，所以，我们可以这样认为，明式家具、紫砂壶是中国线条艺术发展的一条脉络；与此同时，文学艺术由诗而词、由词而曲的发展轨迹，正是纯艺术与世俗相融的过程，与明式家具、紫砂茶的打通艺术与生活的过程完全一致。这是我们站在全景观艺术史角度观察明式家具、紫砂壶的一个初步的概述。

其实，任何线条都是形式，是抽象的结果。在审美

中，没有体验还原的
抽象都是空洞和死板
的。为什么有的专家
说，中国画关键在笔
墨，在于笔墨形成的
线条的运用，而有的
艺术家认为笔墨等于
零。我认为，没有情
感体验的线条当然是
死的，它的空间构成
有何意义呢？但在特
定材质、语境和暗示
下，这种抽象后的线
条能唤起内心最深刻
的情感涌动，这种涌
动是莫名的熨帖和亲

先秦·石鼓明代拓本
北京大学图书馆藏

切，是刹那间重回故乡的温馨和被安抚的感动，是身心融
入又无比空旷，急于表达却又欲说还休的饱满和怅然。这
份饱满、怅然，也是一份惊叹、满足。

　　线条中的体验还原，一定是有文化积淀的，也就是
说有它的解码系统。为什么人们会在明式家具前摩挲再
三，栏杆拍遍，无疑是它的线条组成的空间、气韵，让
人感到了难以言说的舒惬，感到惊叹，欣赏者顺利地完
成了解码，进入了它的气场。在这过程中，情感和生活
的体验汹涌而至，它不是简单的对技术的感知，而是一
种十分含混的感受。这样，线条艺术必然和文化有着极
深刻的依存，我们所说的一件作品有书卷气，其实就是
抽象和还原的审美结论。

明式家具、紫砂壶和明清文人结下如此深的渊源，关键的核心点，就在这里。我们想探讨的，就是这其中的奥秘。

在明清之际，工艺和文化的关系是十分深刻的，张岱在《陶庵梦忆》中谈到"吴中绝技"：

> 吴中绝技：陆子冈之治玉，鲍天成之治犀，周柱之治嵌镶，赵良璧之治梳，朱碧山之治金银，马勋、荷叶李之治扇，张寄修之治琴，范昆白之治三弦子，俱可上下百年保无敌手。
>
> 但其良工苦心，亦技艺之能事。至其厚薄深浅，浓淡疏密，适与后世赏鉴家之心力、目力针芥相投，是岂工匠之所能办乎？盖技也而进乎道矣。

明·子刚款青玉鸣凤臂搁拓本
张广文《明代玉器》著录

　　张岱列举了当时手工艺制作之精良者，这当中虽然没有提到家具与紫砂壶，但他十分明确地指出，"盖技也而进乎道矣"，这个判断是十分有道理的，也就是我们所说的合乎规律性与合乎目的性。形而上者谓之道，形而下者谓之器，明式家具、紫砂壶是器，但已进乎道，这核心是人，是与物共鸣的人。明式家具、紫砂壶之所以能登上大雅殿堂，作为推手的就是明清两代的知识分子——本文所说的文人。

　　子曰："君子不器。"

清·杨彭年制陈曼生铭石瓢提梁壶
高11cm，口径5.7cm
上海唐云原藏

狷狂清高 自心是佛

——明清文人的精神素描

　　探讨明式家具、紫砂壶与文人的关系，必须联系明式家具和紫砂壶发展最快的明清时期的社会、经济、文化的背景去考量；必须联系积极参与明式家具、紫砂壶创作活动的明清文人及其艺术情趣和人格取向去观察。

　　明清，是中国封建社会的最后两个王朝，各种社会矛盾剧烈冲突，虽然也出现永乐、康乾盛世，但已是回光返照。

　　"臣虽削夺，旧系大臣，大臣受辱则辱，谨北向叩头，从屈平之遗则，君恩未报，结愿来生。臣高攀龙垂绝书，乞使者执此报皇上。"这是高攀龙投水自沉之际，留下的遗书，这份墨迹现在在东林书院还能见到。在这份墨迹淋漓的遗书中，让人感到那个时代文人十分独特的奇崛个性。这份奇崛其实在明初方孝孺那里就体现得十分突出，这是知识分子维护道统而与治统产生的抗争。在明代，这种知识分子的倔强表现得那样普遍，甚至让万历皇帝都为之"罢工"，不再上朝。当时，朝廷大臣受到廷杖惩罚的不在少数，以至于身体的残疾成了较为普遍的现象。方苞在《左忠毅公逸事》中这样写左光斗：

　　微指左公处，则席地倚墙而坐，面额焦烂不可辨，左膝以下筋骨尽脱矣。史前跪抱公膝而呜咽。公辨其声，而目不可开，乃奋臂以指拨眦，目光如炬，怒曰："庸奴！此何地也，而汝来前！国家之事糜烂至此，老夫已矣，汝复轻身而昧大义，天下事谁可支拄者？不速去，无俟奸人构陷，吾今即扑杀汝！"因摸地上刑械作投击势。

　　尽管《谈艺录》中认为"望溪更妙于添毫点睛"，少不了加工的成分，但这种知识分子的浩然正气，成为一种社会风尚，整个朝廷充满了暴力的色彩，这是不争的事实。骈首诏狱，搒掠钳灼，其之惨烈，让后来闻者动容。从知识分子的骨气的角度来讲，九死不悔的坚贞之节，青史留名，千古景仰；但从明朝亡于党争的角度来讲，批评者有之。千古兴亡，难以评说，但当时的文化生态出现了十分诡谲的意味，整个社会充满了某种残酷暴戾的气息，"殿陛行杖"，习为故事，上下交争、党社之争，以致朝野沸腾，这种充满戾气的社会氛围，使明代知识分子拥有了十分独特的人格特征：这其中既有"抗争—自虐"的"戾气"，同时也充满了愤然逃禅、佯狂出世的"戾气"。这种"戾气"，弥漫在整个朝野中，从整天"罢工"的皇帝——做木工的熹宗皇帝，到"为天

大明熹宗悊皇帝（朱由校）
绢本，设色
台北故宫博物院藏
明杨循吉《苏谭》中载："明熹宗天性极巧，癖爱木工，手操斧斤，营建栋宇，即大匠不能及。又好髹漆器皿，朝夕修制，不惮烦劳，学造作得意时，解衣盘砖，非素宠幸，不得窥视。或有急切本章，令左右读之，一边手执斧削，一边侧耳注听。读奏毕，命曰：'你们用心行去，我知道了。'所以太阿下移。"清王渔洋《池北偶谈》中载：有老宫监言："明熹宗在宫中，好手制小楼阁，斧斤不去手，雕镂精绝。魏忠贤每伺帝制作酣时，辄以诸部院章奏进，帝麾之曰：'汝好生看，勿欺我。'故阉权日重，而帝卒不之悟。"

王阳明书《大学古本》

地立心"而甘受廷杖以至于身心畸零的臣子；从海瑞的精神性自虐、东林党人的在野的汹汹、张献忠游击杀掠的疯狂，直至"儿谈庄禅婢谈兵"的社会风习，这种不和谐的杂音时常冲破历史的重重帷幕，让我们感受到当时涌动着的不安与焦躁。

但让人惊讶的是，就在这种酷烈的社会背景中，香粉灯影、扇底风流也在这历史帷幕后闪出，成为生活中的一种主色调。在这种色彩中，侯方域的那段风流跌宕的金粉旖旎，似乎演绎了一个近乎世界末日的狂欢。与此同时，社会上弥漫着的一种感伤情绪，文人士大夫在生活的细节中寻找安慰，在安慰中又备感痛失，也使这个时期充满了末世的颓唐。

明代末年的知识分子，大概是最有特色的一个群体。正是这个群体，使晚明时期出现的文化思潮运动，为两千年封建文明抹上了绚烂的不容轻易忽略的一笔。

关于这个时代的文化思想潮流，学术界早已厘定清晰，但值得注意的是，在这个思潮中，"狂禅派"文化思潮应该引起特别的重视，这是中国知识分子思想心灵的一次解放，同时也是中国文化人扭曲的心灵世界的一种展示，对后代文人人格的影响是十分明显的。

所谓"狂禅派"，是王阳明"心学"的一条支流。王阳明的"心学"打破了宋代儒学繁复的思想方法和看似包罗万象但又支离破碎的架构体系，直指本心，提出"夫学贵得之于心"（王阳明《答顾东桥书》）的学说。王阳明学说中"致良知"、"知行合一"的观点，强调了"心"的作用，处处可以看出一种自由解放的精神，打破道学的陈旧格式，为"狂禅派"开了方便之门。在晚明之际，儒道释三教合一也是蔚然成风，钱穆在他为学生余英时《方以智晚节考》所作的序中明确指出："此乃晚明学风一大趋向。"这种融禅入儒的学问方法直接造成这种似儒非儒、似禅非禅的"狂禅运动"，其中最为典型的代表人物就是李贽。关于"狂禅派"的学术理论，我们在这里不做详述，但它对后世知识分子的影响不容低估。嵇文甫的《晚明思想史论》认为："这种狂禅潮流影响一般文人，如公安竟陵派以至于明清间许多名士才子，都走这一路……他们都尊重个性，喜欢狂放，带浪漫色彩。"狂禅派的出现，使得中国传统文人的个性特征更具有时代的色彩。我们来看公安三袁中的袁宗道在《白苏斋类集》中讲述的一个故事：

> 于时王龙溪妙年任侠，日日在酒肆博场中。阳明亟欲一会，不来也。阳明却日令门弟子六博投壶，歌呼饮酒。久之，密遣一弟子瞰龙溪所至酒家，与共赌。龙溪笑曰："腐儒亦能博乎？"曰："吾师门下，日日如此。"龙溪乃惊，求见阳明。一睹眉宇，便称弟子矣。（卷二十二）

在这段文字中，王龙溪即是王畿，明代泰州学派的宗师，王阳明更是一代大儒，但在袁宗道的笔下，是那样亲切而且生机畅快，完全不是传统意义上的儒者形象。这件事应该是真事，因为《明儒学案》也有记载，但文学家言更反映自己的心境，袁宗道的故事其实是当时文人心神向往的人格特征。

这样的文化思潮，使得明代晚期出现了一次人性的

袁宏道评点《徐文长文集》
三十卷
明·万历刻本

解放运动，旧有的道德整肃和民俗淳朴被一种新的社会风气所替代，追求感官的刺激和物质的享受的享乐主义开始弥漫开来，"国朝士风之敝，浸淫于正统而糜溃于成化"。（沈德符《万历野获编》卷二十一）这种糜溃，正是由"心"而最终"身"的解放，崇尚新奇、追求刺激、纵情娱乐成为一种新的生活方式，知识分子也是首倡其道。此时，真称得上是中国艺术史上的璀璨一页，文人内心对自由的那份渴望已经喷薄欲出。徐文长这位旷世奇才，以他类似于凡·高似的精神性狂躁，开辟了中国文人在艺术中追求自由的天地。现在来看，徐文长所患的是精神性狂躁症，略通医理的他，称自己的疾病是"易"。《中国医学大辞典》释"易"："变易也，犹言反常。"这种精神性的反常，并非精神分裂，他的人格并没有崩溃，而是以其"奇"傲立世间，"先生数奇不已，遂为狂疾；狂疾不已，遂为囹圄。古今文人，牢骚困苦，未有若先生者也！"（袁宏道《徐文长传》）徐文长甚至把长长的铁钉钉入自己的耳中来治疗自己的疾病，表现出超乎常情的"奇诡"来。这种违背世情常态的"奇"是对中国儒学讲求的"平和中正"的一次反动，为思想文化的创新提供了新的动力。他的大写意花鸟画，为近世绘画打开了大门。此时的文化人，也彼此声气互通，意趣相投，像袁宏道为徐渭作传的故事，便表现出当时文人对精神理想的认同。袁宏道比徐文长小四十七岁，生前从未谋面。在徐文长死后不久，某一夜晚，袁宏道在徐文长的同乡陶望龄家里，无意中看到徐文长的诗文，不禁惊呼不已，连熟睡的童仆都被吵醒，于是创作了千古名篇《徐文长传》，使徐文长的声名一下子远播海内，而不仅仅局囿于越中，成为知识分子的一种精神寄托，以至于三百年后，依然有大师愿为青藤门下走狗。

在狂与奇的行为方式中，除了与磊磊不平之气相呼应的愤懑和狂躁外，也有着一丝惋伤和悲凉。唐寅在他的桃花坞，写下了许多"落花诗"。现在很多人都知道《红楼梦》中的黛玉葬花，而黛玉葬花的原型，便是这位吴中才子。"葬花"这一情节，是有出处的。《唐伯虎全集》附录其轶事：

> 唐子畏居桃花庵，轩前庭半亩，多种牡丹花，开时邀文徵仲、祝枝山赋诗浮白其下，弥朝浃夕。有时大叫恸哭。至花落，遣小伻一一细拾，盛以锦囊，葬于药栏东畔，作《落花诗》送之，寅和沈石田韵三十首。

沈石田是唐寅的老师，也是苏州著名的书画家和诗人，他先作有《落花诗》，唐寅因葬花想起此诗，和了

明·徐渭《杂花图卷》（局部）
纵30cm，横1053.5cm
南京博物院藏

三十首。关于林黛玉的原型问题，骆玉明先生有过考证，证明当时唐寅的行为广为流传，为后来的曹雪芹所了解，最后被改造进了《红楼梦》。唐寅的葬花代表了这个时期感伤的基调，这种基调在文学作品中表现得十分普遍，李泽厚先生认为这一时期在中国美学发展史上可以称作"感伤文学"时期。这种感伤，既是中国由《离骚》而来的痛感文化的延续，也是封建社会在明清达到极度成熟而产生的一种情绪，更是生命自由呐喊的一种表征。

于是乎，晚明时期，中国文人的性格特征出现了极其瑰丽的色彩，良好的儒学修养使他们始终抱着积极入世的姿态，但现实的残酷又让他们追求田园牧歌的理想不断地破灭，他们以佛道释儒，以"狂禅"的方式穿梭于出世的通道，他们推究于儒学的肌理，又遵从自身的性灵的召唤，他们有时孤傲冷艳，行为偏执，以奇傲世；有时又沉醉温柔乡，娱情享乐，同时，又抹不去明珠乱

抛、萧瑟此生的伤感。他们既不能忘情于魏阙，但又悠游于山林，这种矛盾又统一的人格特征，成为中国文人的一个基本特点。明代中期开始形成的这种文人个性，使得魏晋南北朝文人的风骨、宋元时期的文人风尚得到了承续性的发展，形成了我们现在所说的明清文人的风流。这样的人格特征成为中国传统文化人的性格特征的主要方面。

在充满或是暴戾，或是伤感的生活场景中，徐文长也不断表现出心灵自由的恬淡，在《某伯子惠虎丘茗谢之》一诗中，这样描述春日的闲趣：

> 虎丘春茗妙烘蒸，七碗何愁不上升。青箬旧封题谷雨，紫砂新罐买宜兴。却从梅月横三弄，细搅松风炷一灯。合向吴侬彤管说，好将书上玉壶冰。

狷狂如文长者，在这首诗中表现出那么清新自适的情调，使我们感到，即使如家具茶壶之类的生活器具，往往承载着当时文人的某种情怀，在中国文人与明式家具、紫砂壶微妙的关系中，表达着中国文人性格中深层的基因密码。

明季之后，世风为之一变，"心学"一变为"朴学"，明季之际的奢靡狂放之风得到了修正，但康、雍、乾数朝骇人听闻的文字狱和科场案，对文人学士的残忍迫害，无疑使广大知识分子不寒而栗，在朝的旦不保夕，在野的落魄失意，文人性格中积淀的明代以来的那种"习气"往往也表现得十分充分。这种习气，就是我们现在常常用来评价文人习气的一个十分简略的名词：清高孤傲。

清·朱鹤年《唐寅像》
纸 本，设 色，纵63cm，
横30cm
中央美术学院藏
跋中称"唐子畏像，藏如皋冒氏。余年十五读书水绘园旧址，于旧藏书画中检得之，霉烂者半矣。上有阮大铖题诗……左一行曰仇英写面，东村作树石。……因摹一稿藏之"。可知原作者为仇英、周臣。画上有"半丁审定"、"山阴陈年藏"，故知曾为近代画家陈半丁收藏。

清高孤傲的文人学士总要去寻找寄托自己情感、消磨时光、展示才华的途径。他们或在山林草野中"隐逸"，或在老庄禅学中求取心理平衡，或在平民社会中卖艺求生。明清时期不少文人墨客如徐渭、唐寅、祝枝山、八大山人、扬州八怪等人常常是混迹于市井之中，来往于山水之间。郑板桥一朝为官七品，到头来也是解职归里，落到"宦海归来两袖空，逢人卖竹迎清风"的地步。现在市场上一幅画卖上百万元的清代画家恽南田，一生不应科举，卖画为生数十年贫贱如故，六十多岁在寒舍中离世，

其子办不起丧事，还得靠友人王石谷帮助落葬。又如梅翟山（梅清）在大屠杀中家破人亡、妻离子散，陈老莲不为淫威所屈，八大山人宁当乞食的"苦行僧"，其景之惨，其情之悲常为后人拍案长叹！明清文人虽然有不少处于穷途末路，潦倒落魄之境，但其"胸中又有勃然不可磨灭之气，英雄失路，托足无门之悲，故其为诗，如嗔，如笑，如水鸣峡，如种出土，如寡妇之夜哭，羁人之寒起。……间以其余，旁溢为花鸟，皆超逸有致"（袁宏道《徐文长传》）。从而抒发满腔郁郁寡欢之怒，聊写胸中寂寥不平之气。明清时期的一些文人这种退让、避世的态度，这种愤世嫉俗的孤傲品格，当然也不是其独有，但是它确实反映了这一时期文人的显著特点。恰恰就是这种特点，使得文人墨客将自己的才华和人文情趣借助于工匠之手，借助于华木紫砂，实现其艺术生命的价值，体现其清高超逸的思想品格成

为可能。

明清的一些文人在情感表现上，确实有其特有的个性特征。他们清高的品格，满腔的哀婉，闲适的情致，人生的理想都倾泻在他们的艺术创作和艺术实践中。正如金农所云："平生高岸之气尚在，尝于画竹满幅时一寓己意。"（金农《竹下清风图》题跋）郑板桥在题画中也写道："画工老兴未全删，笔也清闲，墨也斓斑。借君莫作画图看，文里机闲，字里机关。"（《郑板桥集·题兰竹石调寄一剪梅》）汤显祖一出《牡丹亭》更是宁可要情而无理，直通幽明，为人间真情无视理学传统，发出"人世之事，非人世所可尽"的感叹，于是以"临川四梦"尽泄胸臆。万历年间的袁宏道提出"各极其变，各穷其趣"，独抒性灵，不拘格套。明清文人在他们的艺术世界中"聊写胸中逸气"，而借家具和紫砂壶的制作，宣泄满腔的情怀便是一种。这种寄托在"神活气静"器具中的清高品格比所谓"掀天揭地之文，震惊雷雨之字，呵神骂鬼之谈，无古无今之画，惊天地、泣鬼神"的艺术巨制更耐人寻味。

当然，明清时期之文人清高品格还不仅仅表现为哀婉、愤懑的心境，也反映在远离俗世的庄禅思想之中。如果说明清的一些文人的哀婉、愤懑心境造就了其清高品格的一个方面，反映了其儒教功名的报世情怀；那么，有别于儒教思想的庄禅之道又给明清文人打开了"忘其肝胆，遗其耳目"、"死生无变于己，而况利害之端乎"的认识窗口，进入连生死、身心都全忘怀的境界。庄子这种由精神超脱所得到的快乐，即超功利、超生死、超脱人世一切内在外在的欲望、利害、好恶等限制而形成的大境界，是清高品格的另外一面。而后者对明式家具

明·董其昌《林杪水步图》
纸本，墨笔
纵115.8cm，横45.3cm
故宫博物院藏

艺术风格、紫砂壶艺术品位的形成影响是相当大的。这种庄禅思想所构成的高品逸气对明式家具和紫砂壶的影响，主要反映在"虚"、"静"、"明"的审美情趣上。这种并不一般的感情快乐和理性愉悦是强调人的"心斋"所能得到的"天乐"，正如《庄子》所云："静则明，明则虚，虚则无为而无不为也"，"水静犹明，而况精神！圣人之心静乎！天地之鉴也，万物之境也。"这就是所谓"天地与我并生，万物与我为一"的最高境界。这种境界构成了"天人合一"的审美态度，也使明清文人的清高品格得到升华，使明清文人在明式家具和紫砂壶的设计、创作的实践中充分展现出"空灵"、"简明"、"天人合一"的审美境界，从而使明式家具和紫砂壶的艺术成就达到了前所未有的艺术高度，成为世人仰慕的"妙品"、"神品"。

既然文人是那样的清高孤傲，那为什么会与百工匠人合流，通过木材、泥土创造出这些中国工艺美术的瑰宝呢？与明代晚期的一种社会思潮——流品的世俗化不无关系。

我们又要回到那张余象斗的木刻画像。在画中，余象斗是文人的装束，但他真实的身份，其实是一个刻书的商人，并没有多少学问，这可以从他编刻的书籍看出来。余象斗是万历年间人，假如在明代初期，他身着这样的装束是不可想象的。明代初期，"高帝初定天下，禁贾人衣锦绮、操兵、乘马"（王夫之《读通鉴论》卷二），这种流品等级的森严，是政治统治的需要，也是道德观念使然。民间更是认为，非类相从，家多淫乱。这样的秩序是封建时代的普遍做法，这就是礼的问题。但到了中晚期，这种流品的界限被打破了，士与俗夫的界限

明·黄花梨圈椅
通高100.7cm，
纵46.4cm，
横59.6cm
攻玉山房藏

更进一步模糊。余象斗的打扮，既有商人向时尚的引领者——士绅的模仿，同时也是社会秩序发生变化的一个缩影。当时"心学"认为，只要致良知就都是圣人，而致良知就是自己突然的发现和顿悟，所以圣贤和凡夫俗子并没有多大区别，王阳明的学生、泰州学派大师王艮公开提出"圣人之道，无异于百姓日用，凡有异者，皆谓之异端"（《语录》），所以，"百姓日用"和圣贤之道等量齐观，文人的平民化倾向日益突出，甚至成为一种风气。像说书艺人柳敬亭、园艺匠人张涟都有文人为之作传，东林党首邹元标提出"父母就是天地，赤子就是圣贤，奴仆就是朋友，寝室就是明堂"（《明儒学案·忠介邹南皋先生元标·会语》）。这样和奴仆做朋友的平等思想，固然有着时代进步的特点，但更多的是一种文人的风尚。顾炎武《日知录》中谈到，"自万历季年，缙绅之士不知以礼饬躬，而声气及于宵人，诗字颁于舆皂"（卷十三），这样的社会风气，文人与工匠的合流，也成为自然而然的事情了，像黄宗羲专门就服饰绘制图稿如《深衣考》，袁中郎有专门研究插花艺术的专著如《瓶史》，

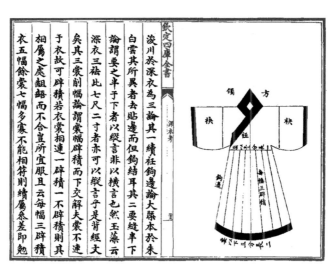

清·黄宗羲《深衣考》
《四库全书》本

陈贞慧有专门记叙紫砂壶、折扇的散文如《秋园杂佩》，由此可见，文人参与指导工匠的设计制作，是当时的一种时尚。

虽说熹宗皇帝喜欢在后宫做木匠，但这只能算作他极端的爱好，而有明一代流品的混淆，也表现在能工巧匠能够获得极高的官职，跻列公卿。木工蒯祥官至侍郎（《双槐岁钞》木工食一品俸条）；徐杲匠官出身，官至工部尚书（《万历野获编》）；石匠陆祥官至工部侍郎（《古今图书集成》引《武进县志》）；更有永乐朝在京师营造宫殿的瓦工杨阿孙，不但官至侍郎，而且有由永乐皇帝赐名杨青的轶事流传下来（《松江府志》）。杨青原来是一个淳朴的劳动者，在他还是宫廷里一个普通的瓦匠时，名字叫杨阿孙。有一天，永乐皇帝看到宫殿上新粉刷的墙壁上有若异彩的遗迹，这是蜗牛爬行的痕迹。当时惹得这位皇帝好奇地向他的左右随侍发问。正在做工的杨阿孙如实的回答，满足了永乐皇帝的好奇。随后，永乐皇帝得知这个工匠的姓名，并笑他乳名未改，说：现在正是杨柳发青时节，改名杨青吧。

宫殿修成后，杨青得到了专管修缮机关的工部侍郎的高官，于是瓦工出身的杨阿孙就成为工部左侍郎的杨青了。这里提到的几位工匠，虽然和营造紫禁城有关，但这也是明代中晚期特有的现象，在此之前以及后来的清朝，都没有出现过这样的现象。当时工匠跻身朝班，这在心理上为文人与工匠进一步合作提供了更广阔的空间。

中国士大夫文人阶层与手工匠人的合作大多不像陈曼生等人那样自觉的全身心投入。这里有一个文人士大夫的传统心理意识演变过程，也有一个明清时期特定的历史文化和社会背景。

受中国传统人文思想的长期影响，士大夫文人一方面不屑于"奔走豪士之门"，像倪云林一样"不为王门画师"，即所谓"富贵不能淫，威武不能屈"，愿为"风雅脱俗"的"高人""隐士"；同时又轻视技工百匠，自命清高。宋初大画家李成曾有一段故事是最好的注脚："开宝（968～976）中，孙四皓者延四方之士，知成妙手，不可遽得，以书招之。成曰：'吾儒者，粗识去就，性爱山水，弄笔自适耳，岂能奔走豪士之门，与工技同处哉？'"（宋·刘道醇《圣朝名画评》"李成"条）这是最典型的中国士大夫文人两面性格的生动写照。

其实，中国古代绘画史上，有许多不朽作品都离不开士大夫文人与技工匠人的合作。如上世纪六十年代在南京西善桥一座南朝墓中发掘出土的《竹林七贤及荣启期画像》，属东晋至南朝早期的作品。画像所描绘的是三世纪中叶"竹林七贤"的"名士"画像，并加一个古代"高士"。画像刻在墓内分列南北的两面砖壁上，画面每壁长2.4米，高约0.89米。南壁依序刻画的是嵇康、阮籍、山涛、王戎；北壁依序刻画的是向秀、刘伶、阮咸、荣启期。"七贤"壁画所反映的"高人"是中国被认为最早的一批士大夫"狂人"，也对后来的士大夫文人影响最深。"七贤"壁画人物造型丰满生动、衣带线条如"春蚕吐丝"，即早期人物画的"游丝描"或"铁线描"。"七贤"壁画是经加工后，在砖坯上烧成的，线条流畅粗劲，人物表情神态栩栩如生，衣褶纹饰表现立体感强。图中每个人物之间以松、柳、槐、桐、杏等树作为装饰之用。该壁画保留了东晋至宋、齐间的作品风格遗韵，是难得的"风范气韵、极妙参神"的艺术神品。如此耗工的砖坯烧制砌成的壁画，不是当时的绘画艺术高手和制砖名匠的密切配合是完不成的。

"七贤"壁画如此，中国古代绘画史上，有不少作品也是如此。如南北朝至唐的壁画，蔚为大观，极为丰富，辄以敦煌所见为观止，足以为人类杰出的文化艺术瑰宝。所有这些壁画基本上是民间工匠与士大夫文人不拘身份共同从事壁画创作的结果。唐宋以来，我国有不少艺术作品是出自名家高手，但更有众多的精品是出自于默默无闻的古代绘画的工匠之手。比如不少僧道做水陆道场时悬挂的宗教宣传画，虽然有不少是陈陈相因、"成教化助人伦"、风格呆板的神佛画像，但其中有一些在笔墨、色彩、造型、结构上是极有艺术水准的瑰宝。南宋以后，风气大变，中国绘画则以文人为主流，遂以卷轴为时尚。比起北宋之前的唐宋壁画的大气概不及万一。明初书画家王绂在《书画传习录》中云："大约古人能事，施于画壁为多，唐、宋所传，不一而足。其作画幛，均属大幅，亦张绢素于壁间，立而下笔，故能腾掷跳荡，手足并用，挥洒如志，健笔独扛，如骏马之下坡，若铜丸之走板。

今人施纸案上，俯躬而为之，腕力掉运，仅及咫尺，欲求寻丈已不能几，宁论数丈数十丈哉。"时至明清，世风渐开，南宋以来的文人清高孤傲之志有所转变。文人与技工匠人的合流逐渐呈现新的时尚，历史又进入了一个新的轮回。

魏晋时期，文人虽是第一次性格的自觉，但他们门阀贵重，孤芳自赏；到宋元，文人与社会底层的接触日益加深，但也只限于舞榭歌台、秦楼楚馆；到明清之际，文人平民化世俗化的倾向更为突出，与世俗生活的相融度也更加提高，所谓"圣人之道，无异于百姓日用"，这时，文人的气质、学养、审美理想进一步进入世俗生活，更重要的是文人的介入提升了世俗生活，精神世界的物化现象就极为鲜明，明式家具、紫砂壶就是典型的代表。文人墨客以前的纸上世界、字里乾坤，进一步发展到在木上抒情、在泥中写意，这是文人世界的一个十分有意思的现象，也是文人在中国艺术史上的一个逻辑性的走向。

当时文人与百工匠人的亲密接触，其实并不是技术性的合作，在中国文人的内心世界里，器物之中浸透着更为深广的人文情怀。例如陈贞慧《秋园杂佩》中这样谈论时大彬：

明·时大彬壶款
上：丛桂山馆 大彬
下：时大彬制
《紫砂铭编》录

> 时壶名远甚，即遐陬绝域犹知之。其制始于供春壶，式古朴风雅，茗具中得幽野之趣者，后则如陈壶、徐壶，皆不能仿佛大彬万一矣。一云：供春之后四家董翰、赵良、袁锡，其一则大彬父时鹏也。彬弟子李仲芳，芳父小圆壶，李四老官号养心，在大彬之上，为供春劲敌，今罕有见者。或沦鼠菌，或重鸡彝，壶亦有幸有不幸哉！

以壶而伤际遇充满了人生的感喟，这就是典型的文人的情怀。侯方域在《秋园杂佩序》中更强化了这种情感：

> 古人或佩韦焉，或佩弦焉，或佩刀剑以示威焉，或佩玉以比德焉，示不敢忘也。陈子意者，当天地闭塞之时，退而灌园，有不能尽忘者耶？其词微，其旨远，其取类也约，其称名也博。文武之道，未坠于地，识小云乎哉！

在侯方域"这难道是记录一些琐碎小事"的反问中，我们可以感受到更多、更复杂的情感。对于古代文人来说，诗词文章这样的经国大业也常被称作雕虫小技，而在这木工壶艺中，往往又寄托着文人的博大情怀，正是这种博大情怀，使得明式家具和紫砂壶具有更广远的人文意义，从而在艺术史上占有一席之地。

文人对紫砂壶具有重要的影响，还可以从供春制壶的渊源来考察。

宜兴紫砂壶的肇始，我们可以上溯到供春。刘銮的《五石瓠》载："宜兴砂壶创于吴氏之仆曰供春者，及久

而有名，人称龚春，其弟子所制更工，声闻益广，京口谈长益允谦为作传。"这个传记现在没有发现。周高起在《阳羡茗壶系》中说："供春，学宪吴颐山公青衣也。颐山读书金沙寺中，供春于给役之暇，窃仿老僧心匠，亦淘细土抟坯，茶匙穴中，指掠内外，指螺文隐起可按。胎必累按，故腹半尚现节腠，视以辨真。"关于供春，有人认为他是吴家的童仆，吴骞的《阳羡名陶录》考证为"供春，实颐山家童"，这个观点也被大家所认可。江阴人周高起在崇祯年间不但到过吴家，而且住在吴家，与吴氏后人吴洪裕、吴洪化十分熟悉，他的记录应该是比较接近真实的。他认为供春是"青衣"，其中必然有着十分重要的信息。

明·时大彬制提梁壶
高20.5cm，口径9.4cm
子口刻款：大彬，"天香阁"小印一方
南京博物院藏

供春制壶，我们要涉及宜兴的吴氏家族。考察这个家族的发展历史，我们对紫砂壶艺术的理解又一次得到了启迪。周高起提到的吴颐山就是吴仕。据明万历十八年（1590）《宜兴县志》记载："吴仕，字克学，幼警颖不群，甫冠笃学，历游诸名彦门，闻识益广，正德己卯（应该是丁卯）发解南畿，登甲戌进士。初授户部主事，累迁山西、福建、广西、河南四省提学副使，中州八闽，人才地也，预决魁元，十不失一，人服其藻鉴。寻升四川参政，引疾致仕家居，吟诵不辍……所著有《颐山私稿》行于世，方鹏为之序。"周高起称之为学宪，是指提学副使的职衔。然而，在宜兴，吴氏是一个极大的家族，基本上可以和明代宜兴的周延儒家族相提并论。在宜兴明代进士列表中，我们以吴仕为中心，查找了先后五代的举业及职官，就能比较清晰地看出这个家族在当地的影响力：

正德九年进士　吴仕，四川参政

成化二十三年进士　吴俨，南京礼部尚书（堂兄）

万历五年进士　吴达可，太仆少卿、光禄大夫，追赠右副都御史（嗣子）

万历十七年进士　吴正志，刑部主事、光禄寺丞、江西佥事（孙）

万历四十七年进士　吴炳，兵部右侍郎、礼部尚书、东阁大学士（曾孙）

天启五年进士　吴士贞，礼部给事中（孙）

崇祯九年进士　吴洪化（曾孙）

崇祯十三年进士　吴正心，云南布政使（孙）

崇祯十七年进士　吴贞毓，建极殿大学士、南明宰相（玄孙）

此外，吴仕孙辈的吴正己、曾孙吴洪裕也分别中举，取得功名。

吴氏家族在当地具有很大的影响力，同时他的家族也是文人交流聚会的中心。吴仕的父亲吴纶就与文徵明、沈周、仇英有着十分密切的交往，当年吴纶送一种团茶"阳羡月"给文徵明，文徵明乘兴写下《是夜酌泉试宜兴吴大本所寄茶》：

醉思雪乳不能眠，活火砂瓶夜自煎。
白绢旋开阳羡月，竹符新调慧山泉。
地炉残雪贫陶榖，破屋清风病玉川。
莫道年来尘满腹，小窗寒梦已醒然。

这诗题中的"大本"，就是吴纶的字。大画家沈周也常居宜兴，就住在吴纶家中，他在《别吴经吴纶》中就有"地有故人堪久客"的诗句。吴氏家族是当时宜兴的一个文化中心，这在后来吴仕及他的儿孙辈的行状中，可以看得十分清晰。

吴仕致仕后，在宜兴城南建了自己的别墅，清光绪八年（1882）《重刊宜兴县旧志》有云："水月庵，在县南六里石亭埠东，俗名北庵。本参政吴仕别业，名石亭山房。沈启南（周）、文徵仲（徵明）、王元美（世贞）、唐荆川（顺之）每过荆溪，辄寓于此。仕曾孙炳殉难粤西，后改为僧舍……无锡秦松龄题额曰：粲花精舍。"吴仕的曾孙吴炳的戏曲代表作品"粲花五种"就是这个来由；吴仕的孙子吴正志、吴正己尝与文震孟、张纳陛诸君子讲学东林，吴正志与同科进士高攀龙、东林同仁侯方域、名士董其昌等，情深意笃，这些名士常来宜兴，同住在吴仕留下的老宅中。吴正志为表明自己喜山好水的志向，特将其改名为"云起楼"。董其昌题写了新额，高攀龙写下《题云起楼》一诗，1611年，董其昌为吴正志作了《荆溪招隐图》，此画在董其昌的作品中堪称精品，曾由翁同龢收藏，传至五世孙翁万戈先生，现藏美国纽约大都会博物馆。此时，吴正志已是大收藏家，像黄公望的《富春山居图》、《淳化阁帖》的一个宋代重要翻刻本《泉州本淳化阁帖》都是他的收藏。吴正志曾孙吴洪裕去世前要求家人焚烧《富春山居图》以作殉葬，吴洪裕的侄子吴静庵从烈焰中将画作抢了出来。由于抢救及时，手卷的大部分完好无损，只是前面大约五分之一的画终于未能幸免，被火烧灼出好几个破洞。吴静庵把画送去重新

明·供春款六瓣圆囊壶
高9.6cm，宽11.8cm
底款：大明正德八年供春
香港茶具文物馆藏

元·黄公望《剩山图》
(《富春山居图》前半残卷)
纸本，水墨
纵31.8cm，横51.4cm
浙江省博物馆藏

元·黄公望《富春山居图》
无用师卷（局部）
纸本，水墨
纵33cm，横636.9cm
台北故宫博物院藏

装裱，将有破洞的一小段画裁下，自成一幅，因是劫后余生，命名为《剩山图》。从此，《富春山居图》就分成了两截。《剩山图》后来流落民间。三百年后，上海著名的画家和收藏家吴湖帆在一大堆古书画中发现了它，并成了它的最后一个主人。一九五七年，吴湖帆将它捐给了浙江省博物馆，在那里保留至今。大的一幅现藏台北故宫博物院。这也是中国文化史上的一件轶事。同时，吴洪裕与陈于庭家族联姻，吴洪裕成了后来明末四公子之一陈贞慧的姑丈，这也说明当时吴氏家族在文人圈中的地位。

就是这样的一个家族，其中的一个下人——供春，开创了紫砂壶艺术的先河。周高起称供春为"青衣"，此后，周澍《台阳百咏》注："供春，吴颐山婢名，制宜兴茶壶，或作'龚春'，误。"他们都是明确认为应是"供春"；于琨《重修常州府志》："宜兴有茶壶，澄泥为之，始于龚春"；清吴骞《阳羡名陶录》："世以其系龚姓，亦书为龚春。"另有李景康、张虹合著的《阳羡砂壶图考》说："梅鼎举其名，故曰'供春'，槎客及府志存其姓，故曰龚春。是由姓龚名供春无疑。"这是"龚供春"一说的来历。供、龚谐音，因此有人认为供春应是龚春，而实际上，"供春"是名号，不是姓氏，据清徐康《前尘梦影录》记载了一段壶铭："春何供，供茶事。谁云者，两丫髻。"从这段抄录中，可以认为"供春"是历史上第一个留下"名号"的大师，而丫髻则是女性的标志。后人为寻求一个合理解释而说"龚春"，或"龚供春"，那更是节外生枝了。至于说供春的性别，江阴人周高起并没有明确表示，《阳羡茗壶系》中记载"'供春'，学宪吴颐山公青衣也"，并没有标明性别。周澍则认为供春是女性。认为供春是男性的比较有代表性的是吴骞："颐山名仕，以提学副使擢四川参政，供春实颐山家童，而周系曰青衣，或以为婢。并误。今不从之。"吴骞认为周高起错了。关于供春性别的公案，至今未了。在这里，供春的性别并不重要，但他的身份究竟是什么？

明代的周高起与吴家十分熟悉，他与吴洪裕、吴洪化兄弟有着很深的交往，同时，他的《阳羡茗壶系》也

明·周高起《阳羡茗壶系》
清光绪刻本

得到了吴洪裕兄弟的帮助，这在他的《过吴迪美朱萼堂看壶歌兼呈贰公》一诗中可以明显地看出来，同时，吴洪裕距曾祖父吴仕的时间不远，因此，周高起记录供春为"学宪吴颐山公青衣"绝非无稽之谈，相对于后人对供春的身份论述，周高起的记录更可靠些。那么，这其中的"青衣"指的是什么呢？

青衣，按照当时的语境来讲，可能是以下几种身份：一是地位低贱的人，如婢女家童。这是现在大家普遍认为的一个观点，争执主要集中在性别问题上；二是生员，《明史·选举志一》："先以六等试诸生优劣，谓之岁考……一二等皆给赏，三等如常，四等挞责，五等则廪、增递降一等，附生降为青衣，六等黜革。"但这个身份可能性较小；三是乐工，清代富察敦崇的《燕京岁时记·封台》记录的"八角鼓乃青衣数辈，或弄弦索，或歌唱打诨，最足解颐"就是一个证明，同时，在《红楼梦》第十三回中有"两班青衣按时奏乐"的说法，更证明了青衣是乐工伶人的代名词。供春可能会是吴氏家族中的一个戏子。由于史料的匮乏，这只是一个有根据的猜测。

同时，我们不能不对宜兴吴家的文化娱乐活动做个考察。

从明万历十八年（1590）《宜兴县志》的记载来看，吴仕的父亲吴纶性格倜傥，大有名士风度："吴纶字大本，以子仕贵封礼部员外郎。自垂髫时，形癯神异比常，不乐仕进，雅志山水，日与骚人墨士往来倡酬，于其中有陶然自得之趣。"这段记录说明吴纶是标准的市隐文人，他有着独特的文人气质。吴氏家族发达，是否会像当时士大夫家庭那样拥有"家班"呢，这在文献中并无记载，但从当时黄印的《锡金识小录·优童》记录的情况来看，无锡地区士大夫家族蓄养家班是一种风尚，像"顾惠岩可学家童李玉、李珉，俱以声得名，其貌如丰艳妇人耳"的情形是大家族中常见的风习。那么，吴氏家族有没有爱好戏曲的传统，后来是否真正拥有家班呢，答案是肯定的。这个家族培养了两位在中国文学史上占有一席之地的戏曲作家，在《中国大百科全书》中都被单独列为词条，这就是吴炳和他的外甥万树。

明·《金瓶梅词话》
六十三回插图
海盐腔演出场面

可以想象，只有一个家族整体性地对戏曲艺术拥有热爱，形成的氛围才有可能在潜移默化中培养出两位艺术大家。同时按史料记载，吴炳的家班和他女婿、常州邹韩武的家班曾"两部合奏，堂上极欢"，这说明当时吴氏家族的家班已经非常有规模了。我们猜测，周高起记载的供春为"青衣"，可能就是说明了供春身份的复杂性和特殊性，供春既是吴仕家庭中的书童，也可能兼为歌童，甚至在剧目中会扮演女性角色。当时吴仕家还没形成整堂的家班，只是蓄养数个歌童，同时兼顾书童的义务，一如冒辟疆家的紫云一流，这在中国家班发展史上是最为常见的现象。可以肯定的是，供春绝不会是杂役的童仆，因为从现存的"供春壶"上我们读到的气息，已经使我们对供春的文化修养产生了一种臆测。

在明代中晚期，伶人歌姬的地位是十分微妙的。他们身属隶籍，地位低下，却和文人的关系十分密切，又是因为其自身表现出的特立独行，甚至会得到文人士大夫的赞赏而成为清流。我们从侯方域的文集中就可以找到《赠江伶序》、《马伶传》等赞扬伶人并使之流芳后世的文字，同样，侯方域与李香君、冒辟疆与董小宛的故事，也从侧面表现出当时歌优伶人的地位。我们猜测供春是伶人，这源于周高起的记载，同时我们认为，也正是这样的独特身份，使得供春能近距离地和当时的文人墨客接近，从而耳濡目染，得到文化的滋养。至于传说中的供春壶有铁线篆的落款，那就更证明供春和文人间的关系。当然，这只是我们的一个推测而已。

供春初向金沙寺僧学制紫砂壶，只是"茶匙穴中，指掠内外"，靠一把茶匙，用手指在外捏按制作。从早于供春壶的吴经墓出土的提梁壶的制作水准看，当时制壶技法已相当成熟，从技术上讲供春并不是高手，但供春竟以这种初级壶艺得到文人的一致好评，其中必有他为文人审美看重之处。

这还要从供春所制的树瘿壶说起。树瘿无定形，因此可以随形捏制，所以其面或隆起，或隐伏，都能从自然界树瘿上得到解释，没有一定的标准，因此有自然的意趣。意趣自然天成，气息上就胜人一筹，即使工艺技能高超，如果没有出奇的意趣，是不会让供春这样在技术上并非一流的制壶者留下姓名的。这是供春与当时制壶者的重要区别。

唐代画家张璪，留下过一句影响中国艺术的至理箴言——"外师造化，中得心源"，崇尚自然造化一直是文人审美的一种情趣，无

明·"供春"款树瘿壶
高10.2cm，宽19.5cm
壶柄旁篆款："供春"，壶盖铭文："作壶者供春，误为瓜者黄玉麟，五百年后黄虹宾识为瘿，英人以二万金易之而未能，重为制盖者石民，题记者稚君。"
中国国家博物馆藏

论是对供石、盆景、云石，还是对明式家具中材质的运用，都以富有自然变化的纹理、形象为首选。在明式家具中，对黄花梨自然斑纹"鬼脸"的喜好，对各类瘿木密集的斑纹的喜好，对天然奇崛古怪的树根制作的家具的喜好，都说明这种文人审美的特殊性。瘿木是树根部的结瘤，或树干上的疤结，其木材剖面纹理奇特，因树种质地的不同而呈现独特的花纹样式，如葡萄纹、山水纹、虎皮纹、兔面纹、风云纹、沙丘纹等。常见的有花梨瘿、楠木瘿、樟木瘿、榆木瘿、枫木瘿等。苏作家具经常运用楠木瘿作装饰，用于桌芯、椅背芯、柜门芯等，成为苏作家具的一大特色。树根所制家具名作，如"流云槎"，更为文人珍视，不过一件树根，却在其上刻名作铭，俨然一代鸿宝。天然之图纹肌理之美也可化腐朽为神奇，而制壶者供春以树瘿入壶，无论是树瘿之形，还是制作之随意赋形，都是表达了以天然为美的审美风气。

树瘿这一特殊形制，还能掩盖供春手工技术的不足，因此，即使留有拇指痕迹，非但不为瑕疵，反增一种历史况味和自然意趣，得到了文人的喜好。

清·杨彭年制仿古井阑水盂
通高4.8cm，口径6.7cm
南京博物院藏

清·杨彭年制曼生铭半球壶
高7cm，口径6.1cm
壶铭：梅雪枝头活火煎，山中人
兮仙乎仙，曼生
壶底印：陈曼生制
壶盖内印：彭年
南京博物院藏

　　文人艺术家钟情的随意赋形之法，在紫砂壶的制作中，只有捏造制壶法可以达到。这一点，从树瘿壶上得到了一个初步的印象，更能从供春之后曼生壶的制作中得到印证。

　　据《耕砚田笔记》记载："彭年善制砂壶，始复捏造之法。虽随意制成，自有天然风致。"据记载，乾隆时，制壶多用模具，时大彬手捏制壶法已少传人，是杨彭年恢复了捏造之法。杨彭年在当时制壶人中并不是手艺最高的，但恰恰是他，与陈曼生趣味相投，这才有了

无锡东林书院丽泽堂内陈设

艳称海内的曼生壶。杨彭年之所以为陈曼生所用，是他有手捏砂壶随意制成的能力。这种能力，事实上是一种随机的创造力。要跳出传统紫砂壶仿铜器的樊篱，必须具有这样的创造力。从曼生设计到彭年做壶，到最后成品，有先期设计的成分，更多的还要靠制壶者善为安排、损益为之的参与，才能最后完成。因此，唯有杨彭年善于随意制成的能力，在制作过程中因势利导，随意赋形，才能有"天然风致"。

从这一点来看，制壶者将供春尊为鼻祖而不是将金沙寺僧尊为鼻祖，是有条件的。那就是艺高于技，立意在先。

可见，文人与紫砂壶的密切关系，从供春就开始了。供春的身份问题只不过是我们做的一个有趣而略带冒险的微观考察，其实在供春身上有着广泛的人文背景。明代中晚期的那群人，真是很有意思的。

每当我漫步在东林书院遗址，常听到游客对书院陈设的明式家具发出的赞叹，不禁想起陈设者、参观者是否都领悟到明式家具的艺术真谛；是否能体会到和东林党们同时代的文人墨客借助于创作家具、把玩紫砂所寄寓的那种精神世界的"天乐"。当然，这样问又会遇到"鱼之乐"之问："子非我，安知我不知鱼之乐？"我想，今天的人们通过观赏明式家具、紫砂壶超时空、超民族、超国界的永恒的艺术之美，去体会明清文人参与明式家具、紫砂壶设计和创作的艺术情趣，去体会明清文人在明式家具、紫砂壶中所寄托的审美心态，去体会明式家具、紫砂壶中所展示的明清一些文人"自心是佛"、安静闲恬"清净心"的遗韵，所得到的应该是大大超越其物之外的。

一种超越一般工艺品之上的艺术神品，其艺术创作必然有特定的社会背景和艺术史观影响，必然受艺术神品创作者们的人生境界和艺术品格影响，这是叙述明清文人和明式家具、紫砂壶关系时所要道明的一个要旨，不把这一要旨阐述清楚，也就无法去真正打开明式家具和紫砂壶的艺术殿堂大门。

明 · 黄花梨素南官帽椅
座 61×48cm，座高 48.5cm，
通高 92cm
王世襄《明式家具研究》

心神之器 天宇之思

——明清文人的生命追求

在文化的背景中考察明式家具、紫砂壶，最终目标还是要把它们还原到文化生态之中。

"君子不器"，形而上的"道"始终贯穿于形而下的"器"。明式家具、紫砂壶以其特有的魅力、精美的工艺和别样的风格展示在中国和世界的艺术舞台上。所具有的地位和成就不是孤立存在的，既是社会经济环境的产物，也是文化和生活环境的产物；深刻地反映了中国明清两代社会经济的发展水平和市民阶层家居生活的一面，同时也反映了士大夫及文人墨客闲适写意生活的另一个方面。世界早期明式家具研究的专家、德国学者古斯塔夫·艾克教授有过这样一段描述："明代有闲阶级的家宅在严肃和刻板的简朴外表下显示出高雅的华贵。宽敞的中厅由两排高高的柱子支撑；左面和右面，或东面和西面是用柜橱木材创作的楗条隔扇，其背后垂挂色彩柔和的丝绸窗帘。墙面和柱面都糊有壁纸。地面铺磨光的黑色方砖。以这幽暗的背景为衬托，家具的摆放服从于平面布局的规律性。花梨木家具的琥珀色或紫色，同贵重的地毯以及花毡或绣缎椅罩和椅垫的晕淡柔和色彩非常调和。室内各处精心地布置了书法和名画挂轴，托

在红漆底座上的是青花瓷器或年久变绿的铜器。纸糊的花格窗挡住白日的炫光。入夜，烛光和角灯把各种色彩融合成一片奇妙谐调的光辉。"（艾克著《中国花梨家具图考》）艾克所描述的明代家具环境和明式家具所安置的场景反映了中国北方城市家庭特别是上层达官贵族阶层的家居生活场景。其实，在中国南方，如苏州地区，家居环境更加简洁雅致，它们与江南园林相得益彰，更体现文人雅士的生活情趣。文人们将其生活趣味、人文倾向、文化品位和地方民俗、传统习惯融合在一起，将饱含气韵心神的用具器皿恰到好处地融入居家场所和日常生活之中，不显不露地沁透出他们的胸臆之气和云游天宇之思，芥子之中见大千世界，其细微雅致又神达八极的放合，让人们领悟到了这些文人是如何利用外物而舒描天人合一的意境的。如典型的南方家居客厅和园林厅堂这一类公共空间，常常是中间壁上陈设中堂挂轴，下置长条案，条案前摆放大方桌，方桌两侧各置一椅。无锡东林书院正堂家具摆设即是如此。中堂挂轴两侧挂了一副天下名对"风声雨声读书声声声入耳，家事国事天下事事事关心"，堂屋中间两侧各放两把明式四出头官帽椅。鲁迅先生读私塾的寿家堂屋"三味书屋"的陈设也是如此。这是一种非常典型的中堂环境布置格局。当然，多个不同的单体空间根据其功能不同，设置的情况也各有特色。以江南古典园林中楼、厅、堂、轩等内部的家具陈设为例，我们不难发现这些家具既是不可缺少的实用品，又是美化室内空间的手段。由于主人的身份地位、经济状况、生活方式和审美情趣的不同，其室内家具的摆设风格也就各异，有的古朴典雅，有的纤巧秀丽，有的华丽富贵，有的朴实大方，充分反映了江南的生活方式和文化审美特点。

　　朱家溍先生曾在《故宫退食录》中为我们描绘了古代家居布置的绝美标准："紫檀四面平螭纹画桌，原为明代成国公朱府旧物。桌后为明代彩漆云芝椅，桌前为紫檀绣墩，桌的一端紧靠明紫檀大架几案，案依墙而设，墙上正中挂的是董其昌《林塘晚归图》。左右挂的是龚芝麓草书楹联：'万花深处松千尺，群鸟喧时鹤一声。'案上正中设周庚君鼎，左右设楠木书匣。画桌上设祝枝山题桐木笔筒、均窑洗、宣德下岩端石砚等。"朱家溍想说明的是，优美的家具绝对不是孤立的，它是整个环境艺术的一部分，但他讲述的范例，实在是过于经典了，几乎难以企及。我们不妨来看看江南的园林中家具的摆放情形。

　　以苏州留园林泉耆硕之馆为例：北厅屏门正中刻有冠云峰图，屏风前的红木天然几上摆设着灵璧石峰、古青铜器、大理石插屏，八角窗下置红木籐面的榻床，南

厅正中屏门刻有俞樾所撰《冠云峰赞有序》。屏门前置红木藤面的榻床，两旁放五彩大花瓶，红木花几上供放着四时鲜花。厅内廊下高悬着高雅的红木宫灯，南北两面落地长窗裙板和半窗堂板上分别刻着渔樵耕读、琴棋书画、古装人物、飞禽走兽等图案，东西墙壁上则悬挂着红木大理石字画挂屏。这些家具书画等陈设，确实为室内添了不少雅趣，是江南园林厅堂布置的精美之作。

其实江南园林中最有趣味的当属馆、轩、斋、室、房及其陈设。这类建筑的体量比厅堂小，在园林中所处的地位不显眼。真所谓"亭台到处皆临水，屋宇虽多不碍山"，其布置方式、建筑形式和装修都比较自由活泼、不拘泥于一定的形制，而注重环境的协调，形成具有个性的园林景观。如苏州沧浪亭中的翠玲珑是"馆"中颇有特色的建筑，它由一主二次三座小体量建筑组成曲折形平面，穿插在竹林中，人在室内可见四周窗外竹叶摇曳，一片翠绿，正如沧浪亭园主、宋代诗人苏舜钦的咏

明·文徵明《东园图》
长卷，绢本，设色
纵30.2cm，横126.4cm
故宫博物院藏

苏州环秀山庄

苏州耦园城曲草堂

竹诗所描绘的意境："秋色入林红黯淡，日光穿竹翠玲珑。"室内家具也以竹节纹装饰，更添一份情趣。杭州西湖西岸郭庄内有纪念苏东坡的"苏池"，两宜轩则横跨池上。东坡名句"水光潋滟晴方好，山色空蒙雨亦奇"，晴方好、雨亦奇，两宜也。轩形式别致，家具陈设古色古香，也是"两宜"。

当然，建筑与家具、环境的协调历来为中国古代文人雅士所重视，不强调流光溢彩，不尚奢华，以朴实高雅为第一，深信"景隐则境界越大"。正如李渔在《闲情偶记》中所云："土木之事，最忌奢靡，匪特庶民之家，当崇俭朴，即王公大人，亦当以此为尚。"明文震亨在《长物志》中亦云："高堂广榭，曲房奥室，各有所宜，即如图书鼎彝之属，亦须安设得所，方如图画。云林清秘，高梧古石中，仅一几一榻，令人想见其风致，真令神骨俱冷。故韵士所居，入门便有一种高雅绝俗之趣。"建筑园林是以假山真水营造城市山林，形似私密却能接容天地；陈设用器法自然而穷精致，出神入化而形气互通，可见明式家具的简约与同时期的室内陈设、园林、建筑、环境的风格是协调统一的。我们可以从这种风格统一中再次领略到明式家具的特有魅力，同时我们也可从中明白，那时的文人们之所以独青睐于明式家具，并无止境地去再创造，原因正在于他们欲通过用具来寄寓和沁出自己的心态和灵性。

中国古代文人绝不因为有了独善其身的园林，有"无事此静坐，一日如两日"的官帽椅就作罢，他们还需要有"几案有一具，生人闲远之思"的紫砂壶把玩于手中品茗生津，更需要有一边品茗，一边观赏昆剧的士大夫的生活。究其竟，是为了体现出他们的格调之雅、品位之高而已。免俗，也是对世态的一种逆反。余秋雨曾说："某一种文化如果长时间地被一个民族所沉溺，那么这种文化一定是触及了这个民族的深层心理"，"每个民族都有一种高雅艺术深刻地表现出那个民族的精神和心声。"（余秋雨《笛声何处》）历经两百余年辉煌的昆剧，作为一种"雅乐"，本身就是文人们所爱。再者，如汤显祖的"临川四梦"，梦一个接着一个，上天入地，天上人间，某种程度上正符合了文人们的审美情趣和透露着他们的精神奥秘。无锡城西有一座钦使府第，为江南望族、清末出使欧洲的大使薛福成的故居，其东隅有花厅戏台为园主观戏品茶之处，北面为三开间的堂室。室内陈设明式官帽椅，一字排开，中间以茶几相隔，几案放紫砂壶和点心碟盘。堂室的门可以卸装，观戏时打开或卸下，堂室前面为一小小池塘，池塘四周用太湖石垒起假山并植有石榴、罗汉松等树，池塘南岸横空架起古装戏舞台，东西两边有连廊相通。融园林、戏台、建筑、家具、茶壶于一炉，构思巧妙。置身于江南园林之中，坐着明式凳椅，手握紫砂壶，用二泉之水泡碧螺春茶，有红袖添香，品经典名戏，一唱三叹，轻歌曼舞，是何其惬意啊！士绅宾朋、名媛佳人、梨园生旦汇聚于此，又是一番何等的情景呢？真可谓身处锦绣繁华之地却别有洞天，何等怡然自得。

　　大学读书时，我曾数度去如皋水绘园游览，联想起当年明代四公子之一冒辟疆携一代绝色美人、秦淮名妓董小宛辞别六朝故都金陵，移居如皋水绘园的情景，感慨良多。冒辟疆明末举副贡，特授台州推官，不赴任，当时极负盛名，与侯方域、陈贞慧、方以智号称"复社四公子"，明亡后隐居不出，多次拒绝清朝官吏推荐。水绘园占地百亩，四面环水，园内积土为丘，临溪架桥，水竹弥漫，杨柳依依。徜徉园内，有两处建筑为后人所景仰，水明楼倒映于烟柳之中，信步入室内，明式家具高贵典雅，博古架上紫砂壶、瓷瓶玉器古色古香。悬挂在前轩墙上的冒辟疆、董小宛的画像格外引人注目，不禁使人萌生缕缕怀古之情，更能引发出对冒、董二人动人爱情故事的美妙遐想。冒辟疆著《影梅庵忆语》则记其姬人董小宛事，书中云："姬性淡泊，于肥甘一无嗜好，每饭，以芥茶一小壶温淘，佐以水菜、香豉数茎粒，便足一餐。余饮食最少，而嗜香甜及海错风薰之味，又不甚自食，每喜与宾客共赏之。姬知余意，竭其美洁，出佐盘盂，种种不可悉记，随手数则，可睹一斑也。"寒碧堂背林面池，当年冒氏与友人在此堂上品茗，欣赏由昆曲曲师苏昆生排练的《牡丹亭》、《邯郸记》、《南柯记》等，琴声、笛声、歌声扣人心弦。冒氏云："时人知我哉，风萧水寒，此荆卿筑也；月楼秋榻，此刘琨笛也，览云触景感古今，此翱竹如意也。"水绘园幽深隐重，名士佳丽，清茶淡饭，青衣红袖，慧心巧手，一饮一啄，密语谈私，闲庭信步，杨柳晓月。其景、其情，可谓情切切、意浓浓，别有一番滋味在心头。然于此深处，怎会不思及"天地之悠悠"？只不过是聊借外物以宣泄罢了。

明清文人喜出游，寄情于山水之间，董其昌在他的《容台别集》中记载："惠山寺余游数次，皆其门庭耳。壬辰春与范尔孚、戴振之、范尔正，家侄原道共肩舆，从石门而上，路窄险孤绝，无复游人，扪萝攀石，涉其巅际。太湖森茫，三万六千顷在决眦间，始知惠山之全。"不仅如此，文人出游，还常常带上桌、案等家具和泡茶用的茶具，有的还自己设计一套在山峦野亭中使用的家具（如案、几、提盒等）和茶具，以便使用。择一幽静胜地，掬一勺上好泉水，享受自然，享受茶饮。为此，文人士大夫往往以"吴中四杰"文徵明、唐寅等人为代表对家具和茶情有独钟。而茶和家具又成了文人画中不可缺少的组成部分。如文徵明的《惠山茶会图》、唐寅的《事茗图》、王翚的《晚梧秋影图》等等。文徵明的《惠山茶会图》创作于明正德十三年（1518）。清明时节，文徵明与好友蔡羽、汤珍、王守、王宠等游于无锡惠山，在二泉亭处以茶雅集的场景。在幽幽的山峦深处，苍松翠柏之间，闲亭一间，亭下有一古井，亭旁放一张桌案，共有四位文士和三位侍者。两位文士围井栏而坐，似观泉水状。在井亭旁的两位正在烹茶，红色的桌案上放着茶具，一侍者正蹲踞在竹茶炉边扇火煮水，竹炉上一把茶壶。另外两位文士则在山径小道上攀谈，整个画面表现出一派闲适幽静、淡然怡得的气氛。惠山泉水甘甜可口，极宜泡茶，被唐代陆羽称之为"天下第二泉"。"天下第二泉"在与苏州相邻的无锡，路途不远，文徵明常携友到此地品茶相聚。

唐寅的《事茗图》，画面左方有巨石山崖古木，正中，有两棵参天奇松，松下有茅屋数间。茅屋中有一伏案疾书的文士，案头放着一把茶壶。从形制上看，犹如时大彬所制的大壶。侧屋有一童子正在烹

无锡"薛福成钦使第"内景

茶，桌案上放着紫砂壶及茶杯、茶罐等。屋外右方的小溪上横卧一座石板桥，桥上有一老翁拄杖而行，抱琴童子紧随老翁身后。远方处，群山环抱，瀑布飞流，山泉潺潺绕屋而过。作者题头诗曰："日长何所事，茗碗自赍持。料得南窗下，清风满鬓丝。"明代文人雅士远离尘俗，品茗抚琴的闲适生活图景跃然纸上。

王翚的《晚梧秋影图》，此幅画作于丙寅之秋（1686），王翚与恽南田两位前朝遗民，在满天星斗的秋夜，一起体味造化之中的墨色淋漓的潇洒，相互倾诉遗老岁寒的艰辛。他们二人一个是遗民隐居，一个是御用画家，虽

明·唐寅《事茗图》

所处格局不同，但彼此之间并未产生分歧和隔阂，倒是相互切磋，互相扶携。在清风朗月之下，相互评价，相互题跋。王翚在他的画图中用酣畅的笔墨记下了这一颇有浪漫色彩的时刻。画图所绘两棵梧桐、两棵柳树，间以松竹、杂树等；树下有茅屋和廊架坐落在小溪旁，茅屋里面放置一张大案，案上摆放茶壶用具之类。两位年过半百的画家，在柳树旁，苍松下，溪水边，仰首而坐，陶醉在溪水潺潺、秋高气爽、心心相印的天人合一的自然图画之中。这正是两位大画家的生动写照。南田墨色淋漓，妙笔生花，挥毫题记七言绝句："鱼窥人影跃清池，绿挂秋风柳万丝。石岸散衣闲立久，碧梧荫下纳凉时。"并记："丙寅秋与石谷王子同客玉峰园池，每于晚凉翰墨余暇，与石谷立池上商论绘事，极赏心之娱。时星汉晶然，清露未下，暗睹梧影，辄大叫曰'好墨叶、好墨叶'。因知北苑、巨然、房山、海岳点墨最淋漓处，必浓淡相兼，半明半暗，乃造化先有此境，古匠力为摹

仿，至于得意忘言，始洒脱畦径，有自然之妙，此真我辈无言之师。王郎酒酣兴发，戏为造化留此景致，以示赏音，抽豪洒墨，如张颠濡发时也。"明清文人画家心迹复杂，常在他们绘画中表现出超离本世，寻求一个美丽安详、清淡飘逸世界的心境。

明式家具、紫砂壶、国色天香、才子逸民、园林佳景，不是"天人合一"的中国文人、士大夫的一梦吗？手握紫砂壶，稳坐明式椅，倾听苏昆剧，或弹琴鼓瑟，戛然而止，余音袅袅，更是平添雅兴，有滋有味。然春梦不再盛宴终散，夜雨篷窗人去楼空，仅剩断垣残墙，或一桌一椅一壶而已。为此笔者想起丰子恺先生的一幅漫画"人散后，一钩新月天如水"，使人怅然无语，浮想联翩。

或许，这种缅怀式的畅想未免有点脂粉气，或许会给人留下穷措大的香艳美梦的感觉；然而，在这样的考察中，我们未免有着道学家的头巾气，这就是我们在开头提到的"君子不器"。

这"不器"，是指我们更关心器具背后的人和人的心灵世界，也就是说，明式家具、紫砂壶所处的那种文化生态。生态其实是比器物本身更重要的信息。一把茶壶、一张案几、一堂家具、一座园林、一方天地，由小而及大；而几番风雨、几度兴亡、几多荣辱、几许哀乐，由大而及小。郑板桥说，"吾辈欲游名山大川，又一时不得即往，何如一室小景，有情有味，历久弥新乎！"（《题画》）这种景致，风中雨中有声，日中月中有影，诗中酒中有情，闲中闷中有伴，人景交融，这就是我们所说的中国人文精神中的"天人合一"的问题。这种景由心造、

清·王翚《晚梧秋影图》及局部

心由景生的交互关系，是中国文化精神最核心的内容。一把茶壶、一堂家具，也正是这种精神的表现。

或许，从先秦诸子到《春秋繁露》，关于"天人合一"的内容并不少见，老子的道生自然、庄子的逍遥游、《周易》的天行健、孔子的畏天命、《内经》的天人相应，都从各个方面阐述了"天人合一"的问题，形成了一个十分庞杂的理论体系。我们不妨先来读首程颢的《静观》诗。这首诗其实并没有十分复杂的描述，但作为儒学思想正统的代表，在这里天人合一比较好理解了。

闲来无事不从容，睡觉东窗日已红。

万物静观皆自得，四时佳兴与人同。

道通天地有形外，思入风云变态中。

富贵不淫贫贱乐，男儿到此是豪雄。

这算是写给当时精英阶层的励志小品，这首诗首先是一首言理诗，其次表达了他的理论观点，第三，表现一种生命态度。

诗歌到了宋代，以理趣见长，往往富有哲思，令人有所启发。这首诗基本上就是这一种类型。

程颢的最重要的理论，是提出了"天者理也"的命题。他把理作为宇宙的本原，人只不过是得天地中正之气，所以"人与天地一物也"。因此对于人来说，要学道，首先要认识天地万物本来就与我一体的这个道理。人能明白这个道理，达到这种精神境界，即为"仁者"。故说"仁者浑然与万物同体"。他并不重视观察外物，认为人心自有"明觉"，具有良知良能，故自己可以凭直觉体会真理。在上面的这首诗中，静观是返回内心的体悟，天行有道，万物同理，在风云变幻中，体悟到天理的生动活泼。这种哲学思维，使人对自然的认识回到人的内心深处。他弟弟程颐提出"一物之理即万物之理"，把世界高度地抽象化，他在论述为学的方法时提出格物致知说。认为格物即是穷理，即穷究事物之理，最终达到所谓豁然贯通，就可以直接体悟天理。这样的"天人合一"的理论体系，以致影响后来的哲学思想和中国人的思维模式，这就是极高度的抽象综合，以至于实现高纯度的单纯；与此同时，在格物致知方面，内心又极复杂细致，实现了富有感性体验色彩、诗意化特征的理性思辨，从而在"理"的体悟中，实现了抽象与还原的过程。

中国传统文化的精神，主要在于高度的抽象和体验式的还原，这在艺术精神中表现得更为充分。严格意义上讲，逻辑思维都是归纳总结推理，也就是抽象的过程，但"天人合一"的高度抽象，已经难以使人实现有效的推理，于是只能以还原的方式来实现，这样的还原，必然是带着感情色彩和感性特征的。这是"天人合一"给我们思维上带来的最深刻的影响。明式家具、紫砂壶为什么会成为中国工艺品中最具人文特质的经典代表，其深层的原因就在这里。明式家具、紫砂壶所蕴含的艺术精神至今能唤起鉴赏者的诗性审美，高度抽象的线条，能实现现代人丰富而带着感情色彩的体验，也就是说它能让消费者实现情感还原，使消费者成为审美者。

与此同时，"天人合一"直接影响着人的生命态度。

在诗中，提到了"闲"。这是一个最有意思的状态。二程先生的"闲"字，在另一首诗中能得到印证："云淡风轻近午天，傍花随柳过前川。时人不识余心乐，将谓偷闲学少年。"这种闲情是多么的快乐，充满了活泼泼的生机。尽管在《静观》那首诗中，没有《春日偶成》那样充满生活的气息，但同样把"闲"放在最重要的地位。这种闲，不单单是一种生活状态，更是一种生命态度。《退醒庐笔记》中记叙的轶事十分有趣：乾隆皇帝见江上船帆林立，不觉感慨，而金山寺某僧却只见两艘，一艘曰名，一艘曰利。生命的奔波，或许可以用这样高度的抽象来概括，但其实也不能这样完全涵盖，但文化的思维就是这样，某僧的概括，既贴切，又富于禅意，成为极其经典的话头。与奔波相对的，是静观，这种静，表现在心静、身静和情静，所以，静成为中国最重要的美学范畴，即使是动，最后也是静。静便是静坐、静听、静观，而此时内心却是动，心游万仞，身如扶摇，这就是"闲"的妙处。闲的同时，自己又是那样的愉快，是一种快乐的人生态度。

愉快，是儒学的一个重要的概念。程颢青少年时代向周敦颐学习的时候，周敦颐让他学习"孔颜乐处"。孔子、颜回是否快乐？从外部的情形来讲，一直不快乐。但他们内心是快乐的。孔子的"暮春三月，春服既成"，唱歌沐浴，是多么的快乐，颜回在陋巷肱枕瓢饮，普通人难以知道他的快乐。这种快乐是内心状态的，甚至说是一种近乎宗教情感的快乐，这就是我们常说的乐于道。这种快乐成为中国知识分子一种近乎空想、实际上能起到自我安慰作用的心理基础。"时人不识余心乐"中的乐，是多么实在，而又多么悠远，以至于大众难以体会。因此，"天人合一"的思想，很大程度上给予了知识分子空想式的理想主义和激情，他们认为自己完全超越了时空，与天地合一，这样的优越感使得他们超拔出世，即使世俗生活失意彷徨，也能十分自然地找到安慰人生、激励怀抱的使命感。这种快乐始终弥漫在中国知识分子的心灵最深处，在明清文人的精神素描中，我们认为，那种失意、困顿、佯狂、怪诞、神秘、乖戾的背后，都有这样一种快乐。知之者不如好之者，好之者不如乐之者，乐山乐水，其实无论在哪种生活状态中，这份快乐都是存在的，而且这份快乐使他与世俗生活构建起一堵高高的墙，他在自己的世界里歌唱。

这份快乐还体现于"游于艺"。

孔子所说的"志于道，据于德，依于仁，游于艺"，前三者在"天人合一"的体悟中，形成了具有空想色彩的理想主义。游于艺，是具体的表达。艺术的表达，在很大的程度上由于有外观的实在性，往往表现得十分充分，同时，士、宦身份合一，又与艺术家身份合一，使得游于艺的表现十分多彩。寄情诗书画，这无疑是一个主流。然而，从明中晚期开始，由于部分知识分子仕途蹭蹬，同时社会经济的发展又足以供养一个艺术家群体，传播渠道也较以往更为发达，艺术家身份开始独立，这就是我们认为的才子文化的肇始。才子文化具有高度的世俗色彩，但不能否认他的超拔特性，这种超拔是中国知识分子天生拥有的体悟天道的权利。于是，在艺术的发展中，这种艺术创造无不有着"道"的痕迹，出现了像明式家具、紫砂壶这样的奇葩。在这些器物中，高度的抽象表现为线条，还原表现为在器物身上浓郁的人文精神气息。它成为中国艺术精神的一个新的表现载体。这同时也标志着，"天人合一"的悟道，从原来的家国情怀的"言志"转向了天真自然的"言趣"，"志"与"趣"，其实都是体悟"道"后的结果，也是当时艺术家身份自觉后的一种必然结果。后来，志趣成为一个单词，无非说明它们是有共同内容的。

对闲暇的、内心自由快乐的向往，诗意的生活成为一种生命态度。这种生命态度几乎贯穿于明清文人的精神世界中。这种生命态度，决定了文人们的生活的诗性特征，这种特征，往往更注重心灵的体验，追求一种自由。"天人合一"所强调的人与天的合一，同时也暗示着某种放纵的色彩。人法自然，人的需求也有着某种天赋的合理性，明代中晚期的享乐主义思潮，其本身是明末之际文人思潮中的一个组成部分，带有末世狂欢的疯狂，但这也是合乎逻辑的一个自然发展。生活的诗意，让人更在意与自然的融合，更在意生活的诗性功能，于是私家园林普遍在生活中出现了。这既满足了人与自然的合一，又避免了采薇的凄怆。这种园林，并不一定是奢华的，哪怕一石一水，已经概邈天地，园林也成为知识分子的一个重要的文化场所，在这里，姹紫嫣红开遍，赏心乐事家院。在这里，家具、茶壶作为一个配角，也自然而然地粉墨登场。

在那些风华绝代的场景里，明式家具、紫砂壶不过是小小的一件物件，但当时的一种独特的文化生态，却让人回味。在这里，诗、书、画、石、树、花、月、茶、酒、曲并不是独立的，而是围绕人所展开的，其实艺术是一个完整的系统，生活的诗化，到头来使生活成为一件艺术品，在这其中，家具、茶壶也须按照大系统的文化要求，实现诗化要求。从这一点来讲，明式家具、紫砂壶的艺术根源不能不说到"天人合一"这一总原则中来。

"天人合一"在高度抽象和情感还原的法则中，造就了文人士大夫具有空想色彩的理想主义，同时对生活诗

丰子恺《人散后，一钩新月天如水》

清·杨彭年制陈曼生铭合欢壶铭文拓本"八饼头纲，为鸳为凰，得雌者昌。曼生铭"上海唐云原藏

意的追求成为一种生命态度，它突出了人志于道、游于艺的崇高感和自由度，使得明清时期人与生活的艺术化达到了一个高峰。

此时，回味"道通天地有形外，思入风云变态中"这联诗的兴味，往往更让人百感交集。历史长河大浪淘沙，人类文明的结晶硕果仅剩，几百年来，明式家具、紫砂壶的艺术价值和魅力仍然为人们所称道，真是难能可贵了。其所以为文人所嗜好，其所以让历来仁人名士、才子佳人、社会贤达、达官贵人、国际人士为之倾囊收购藏之名山，是因为明式家具和紫砂壶充分演绎了中国的民族文化、民俗风貌、民族工艺和民族传统；是有其深刻的社会经济和文化背景的；是中国士大夫心理和具有文化内涵的文人气质特征的反映；是"天人合一"的艺术佳作。

简素 空灵 闲逸

——明清文人画对家具、紫砂的影响

明式家具、紫砂壶的最大艺术魅力就是素雅简练、流畅空灵，但简练是第一位的。删尽繁华，才能见其精神，达到艺术审美的最高境界。

简素空灵，把明式家具和紫砂壶中的最高艺术形式表达得淋漓尽致。这种简素空灵的表现方式在家具、紫砂壶中被推为上乘之品，是有其艺术渊源和文化背景的，它直接受明清以来文人画的影响，并力求融会贯通。

从魏晋玄学开始，一直有一个哲学命题：有和无。王弼在他的《论语释疑》中提出："道者，无之称也，无不通也，无不由也，况之曰道。寂然无体，不可为象。"并认为"尽意莫若象，尽象莫若言"，这种意在言外、大象无形的哲学思维，对中国艺术精神影响至深。此后，南宋陆象山"心学"提出的世界外在"如镜中之花"的观点，直接影响了严羽的诗歌理论，严羽论述诗歌仿佛"空中之音，象中之色，水中之月，镜中之花"，突出了诗人主观世界的重要性，追求"羚羊挂角，无迹可求"的意趣。这种偏向于主观内心世界的艺术观，也为明代后期的艺术思潮乃至整个明清时代"性灵"派的出现埋下了伏笔。在明代晚期，从李卓吾的"童心"，到徐文长的"真我"、汤显祖的"气机"、袁宏道的"性灵"，无一不是在人的内心发现人生与艺术的规律，外在的世界，即使是寥寥数笔，也要准确表现人生内心的情感和禅悟，所以，中国的艺术是心灵性的表现，而不单单是技术性的再现，这样，对简单的外在表现的追求，成为艺术精神中非常关键的一个核心理念。

对于"空灵"的描述，其实出现得很早，王羲之就提到了在山阴道上如"镜中游"的感受，这种若虚若幻的美学境界，其实就是空灵概念的前身。关于空灵的美学概念，基本上形成于《文心雕龙》、《二十四诗品》和《沧浪诗话》的美学思想传承过程中，尽管他们都没有使用"空灵"这个词。空灵的美学思想，直接受到佛学中"空"的思想的影响，最后，这种空成为最富中国艺术精神的美学思想，展现了极其丰富的意蕴和内容。

"欲令诗语妙，无厌空且静。静故了群动，空故纳万境。"这首苏轼的诗展现了空灵这个概念中的对立与统一。

空是什么，是外象什么也没有，一片空白；灵是什么，是内心的充满和流动。在苏东坡的诗中，他谈到了动与静的统一、无和有的统一。在空灵的概念中，有与无的对立统一是最根本的，物与情、境与意、简与繁、少与多都是建立在有与无的对立统一基础上衍生而来。以前学作小品文，老先生要求首先学空，把小品文写得越空蒙也就越灵动，其原因就在这里。但这种空，不是空洞、空白、空疏，而是巨大的充实。宗白华先生有一篇著名的论文：《论文艺的空灵与充实》，其实探讨的就是这个问题。尽管他最后没有把两者完全统一起来综述，但他的根本的意思是，与空灵相伴生的，是巨大的充实，在空中表达了满。

这种艺术精神，又是和人生态度相伴生的。中国人缺少对宗教的向往，但外来宗教影响中国知识分子甚至普通民众时，往往发生一个十分奇特的现象：宗教的精神往往首先影响审美，然后通过审美影响人生态度。这种轨迹十分奇特，耐人寻味。有这样一位女士，年轻时接受的是教会教育，但她最后没有成为虔诚的基督教徒，真正影响她的，是她对西方古典音乐的兴趣与爱好，进而影响她与众不同的生活方式。在她整洁、体面又不失朴素的生活中，洋溢着那种宗教精神——富有原则，纯洁自尊，保持节制。佛教思想在中国的传播，对中国艺术深刻的影响，怎么评价都不为过。佛家的"五蕴皆空"的宗教思想，首先影响了中国文人的审美观，出现了空灵等一系列美学概念，同时，对文人生活态度的影响也十分有意思：

明·黄花梨四足长方香几
高81.5cm，长56.4cm，
宽45.2cm
攻玉山房藏

> 道上红尘，江中白浪，饶他南面百城；花间明月，松下凉风，输我北窗一枕。（《小窗幽记》）
>
> 问近日讲章孰佳，坐一块蒲团自佳；问吾济严师孰尊，对一枝红烛自尊。（《小窗幽记》）
>
> 无事时常照管此心，兢兢然若有事；有事时却放下此心，坦坦然若无事。（《鸡鸣偶记》）
>
> 多一繁华，即多一寂寞，所以冷淡中有无限风流。（《蜡谈》）

这些是在明清文人笔记中随意摘取的清言。这些清言，有着极其浓郁的佛家思想和情怀，但我们也十分明晰地感觉到，这其中并不是一种宗教情绪，而是一种人生情怀。这份情怀，很接近审美，是在诗意化的情调中体味一种带有玄思色彩但又那样平白、如此超然但又亲切的生命态度，这种情怀，是通过审美来完成的，是通过内心充分的体验来实现的。我们可以想象，在明月朗照古松花间，独自一人无事闲坐，清风拂过，远处会有散落的笙歌传来，这样清空的意味并不是一种单调，而是巨大的饱满。那一刻，生命经历过的时空都会凝于这一瞬，各种人和事会汇于这一刻。这一瞬间，是那样的饱满。但是，他也可以轻轻地叹一口气，把所有的一切，都付与风和月。内心是不沉重的，可以无所牵挂地沉吟，是那样心游太玄。

此时，澄怀是重要的，在内心世界产生一种安宁、静谧而又广大的空间，十分纯净，但对生命的体验，却是那样的深刻和幽渺，仿佛时空顿失，风云无碍。这样的空间里，月、松、花、风都是象，是实象，但也都是心象，是物与心交融之后出现的独特的气场。在这里，

清·黑漆素炕几
王世襄《明式家具研究》

和世俗生活那样遥远，对内心那样关切，是一种宗教情感的指向；但与世俗生活又那样切近，是一种舒洽的温暖，是一种生命的温度，是对生活的一种礼赞；在这样的意境中，是那样的美，是近乎审美的一种生活方式。所以，在中国艺术精神中，艺术是接近宗教的一种情感，同时是一种生活情趣，也是一种人生态度。或者换过来说，生活是一种艺术，人生态度也是一种艺术。这种圆融合一的精神状态，其实就是一种审美状态。这种艺术精神，最集中地体现在明清时期文人画上，同样，这种艺术精神也体现在明式家具、紫砂壶创造的艺术天地中。

中国的艺术是线的艺术，这种线条，是简单的，但又如此富有意蕴；这种澄怀味象的审美意趣，旨在于简淡的心象中体味丰富的意蕴；此时，生命的态度也是这样，万事万物皆是无可无不可的，面对自然、面对艺术，淡泊人生也是那样滋味绵长。这三者都是简与繁、少与多、瞬间与永恒的对立统一，三个层面完美地叠加在一起，构成了造型——审美——人生的奏鸣曲，这是明清文人留下的一个十分鲜明的文化景象。

我们首先从明清文人画谈起。

石涛在他的《石涛画语录》中开宗明义，第一要义便是"一画"：

> 法立于何？立于一画。一画者，众有之本、万象之根，见用于神、藏用于人，而世人不知；……夫画者，法之表也。山川人物之秀错、鸟兽草木之性情、池榭楼台之矩度，未能深入其理、曲尽其态，终未得一画之洪规也。行远登高，悉起肤寸。此一

清·石涛《画谱》
康熙大涤堂刻本

画收尽鸿濛之外，即亿万万笔墨，未有不始于此而终于此，惟听人之取法耳。

石涛为清代高僧，据现存历史资料记载，他师从临济高僧善果施庵本月禅师，一僧（玉林通秀）曾问本月："一字不加画，是什么字？"本月答曰："文彩已彰。"（《五灯全书》卷七十三《本月传》）石涛深受佛教的熏陶，以佛法指导绘画艺术当是很自然的事情，从《画语录》中充溢着大量佛学用语和参禅诗句以及石涛大量传世作品中，不难看出石涛积极入世的大乘精神。他把本心自性作为人生和艺术的出发点和精神归宿贯通始终。

这个"一画说"，历来各有理解，吴冠中认为他晚年最具纪念性的工作就是读《画语录》，他认为：石涛所提出的"一画"，取自佛教的"佛性即一"、"不二之法"、"一真法界"，"佛性"即"本心自性"，"一画"即对其隐称，识自本心见自本性即是觉悟，悟道，即洞明意识之根源。所谓一画说，"就是不择手段地创造能表达自己独特感受的画法，他的感受不同于前人笔底的图画，他的画法也就不同于前人的成法与程式"（吴冠中《短笛无腔·石涛的谜底》），"一画之法"即以本心自性从事绘画艺术之法（吴冠中《我读石涛画语录》）。表达内心感受成为艺术创作最主要的任务。同时，也有学者从技术层面上认为，"一画"是指作画从一笔开始，最后以一笔结束，强调一条造型底线。我个人认为，"一画说"是突出意大于形的本体论论述，在外在表现上，强调线条的抒情性抽象，以简素空灵的表现方法概括大千世界，表达内在情感。

清·石涛《山水》
纸本，设色
纵 129.6 cm，横 54.3 cm
上海博物馆藏

《石涛画语录》中体现出的那份美学思想，也是当时文艺界关于"繁与简"的认识的一个体现。当时艺术界普遍地认为简与繁是一个辩证的统一，并且以为以简见繁是一种高明的表现，这个观点即使是在当时底层知识分子中也得到认同。

　　当时杭州的陆云龙是一位以刻书、评书为生的底层知识分子，但他所在的文人群体在文学史上有一定地位，他的弟弟陆人龙创作的《型世言》颇有影响。在陆云龙的汇评中，常将简约当作评价文章的标准，他在评价汤显祖的《明故祭酒刘公墓表》时说"叙处简洁"，在评点《皇明十六名家小品》中虞淳熙的文章时认为"言简而葩"，在评《文韵》中江淹的文章时说"简傲中有致，只数语留人于不朽，何事累牍连篇"，同时认为"不留许文字，多少宛转，多少悲酸，正所云动人不许多也"。陆云龙的文学观点和石涛的画论是十分接近的。

　　高僧八大山人，他在晚年的作品中无论书画，运笔沉稳静穆，明显章草笔意，高古简劲，浮华利落，尽显老到本色。其用墨、用线之单纯、凝练、清澄透明一气呵成。八大山人的鱼鸭图的表现手法，都是在一张白纸上寥寥几笔，除画上鱼鸭外，别无所有。然而在人们的视觉中满纸江湖烟波浩渺、水天一色。何绍基题八大山人《双鸟图轴》曰"愈简愈远，愈淡愈真，天空鏊古，雪个精神"，可谓知音。这种空灵、简约、以少胜多的意境，我们在观赏南宋的画家马远的《寒江独钓图》（绢本，水墨，26.9厘米×50.3厘米，日本东京国立博物馆藏）时也能感受到同样的意境。渺漠寒江上，画中央一叶孤舟，渔翁俯身垂钓，除舷旁几笔表现微波的淡墨线条外，渔舟的四周一

明·沈周《云水行窝图》
纸本，水墨淡色
纵33cm，横164cm
中央美术学院藏

片空白，水天相接，旷远空灵，涵咏深长。南宋时期的大画家梁楷有幅名画《太白行吟图》是减笔画的代表作。图中李白仰面苍天，缓步吟哦。寥寥数笔，就把一代诗人豪放不羁、傲岸不驯的飘逸神韵勾画得惟妙惟肖，用笔大胆淋漓酣畅，线条简练豪放、概括飘逸、神形俱备。这种以少胜多的减笔画的效果在后来的人评点画梅时也有同样的体会。如李晴江题画梅云："写梅未必合时宜，莫怪花前落墨迟。触目横斜千万朵，赏心只有两三枝。"这种不求多、不求全，求精、求意是画是否成功的奥妙所在。笪重光也曾说过，"位置相戾，有画处多成赘疣。虚实相生，无画处皆成妙境"。"人但知有画处是画，不知无画处皆画。画之空处，全局所关，即虚实相生法；人多不着眼空处，妙在通幅皆灵"。中国传统绘画以少胜多，以虚代实，虚实相间，绘画上的无，虽不着点墨，但并非没有东西。有无、虚实互为因果，相映成画，奥妙无穷。近代大画家黄宾虹也曾说过："疏可走马，则疏处不是空虚，一无长物，还得有景。密不透风，还得有立锥之地，切不可使人感到窒息。"

宗白华在谈到空间留白美时引用了明代一首小诗："一琴几上闲，数竹窗外碧。帘户寂无人，春风自吹入。"把房间的空间美表现得无比生动有趣。我们在看京剧

《三岔口》表演时，没有布景，完全靠动作暗示景界，同样也有此感觉。通过演员的动作表演，舞台上灯光透亮，但仍然让观众感到是在黑夜里表演，全神贯注，在观众的心中引起虚构的黑夜。

中国书法表现的艺术美也在于线条舞动和空间的组合，是类似于音乐和舞蹈的节奏艺术，是"书法线条舞动节奏的空间创造"。可见，简约虽然在中国的书、画、戏中表现手法上有不同，但是在线条和空间、有无、虚实的组合上，都是中国传统艺术哲学的再现。唐代张旭见公孙大娘舞剑，因悟狂草之道；吴道子观裴将军舞剑而画法益进。由此可见中国传统艺术哲理的美学思想。明清文人士大夫当时的一种美学思潮，是在简约中追求丰盈的效果，这是中国传统美学范畴"有与无"、"一与多"的具体体现，这不仅影响了当时的美术、文学，同样也规划了明式家具和紫砂壶的美学走向。

明清之际，无疑是文人画的巅峰时期，这种风尚重视士气，重视学风修养，重视创作个性，重视灵感性情的发挥，追求天机溢发，笔致清秀，恬静疏旷；追求笔墨明洁隽朗，气韵深厚，设色古朴典雅，南北二宗虽有不同，但一反"正派"、"院体"，力举"士气"，推崇"文人画"的审美意识。与之可相映的是明清文人清言小品文字，寥寥数语，便道尽对人生的感悟、意境的追求，所谓"峰峦窈窕，一拳便是名山；花竹扶疏，半亩何如金谷"（屠隆《婆罗馆清言》），一片石即可包囊起伏峰峦，石崇的奢华花园"金谷"怎比得上半亩风光！这与文人画息息相通的意趣和艺术境界，正是明清文人思想最本质精髓的表达。这对明式家具、紫砂壶文人化倾向的形成影响是很大的。近代壶艺大师顾景舟先生在谈到壶艺创作时，将其分为三个层次。一是高雅陶艺层次的作品，属于上乘；二是工技精致，批量复制的，属于高级商品；三是制技一般的广泛流于民间的用品。第一层次必须做到形、神、气三者融会贯通，方可为上乘之佳作，"艺术要有决断，要朴素，要率真，要把亲自感觉到的表达出来……才能使作品气韵生动，显示出骇然的艺术感染力"。不管是"简练朴素"也好，还是"要朴素，要率真"也好，一言以蔽之就是"简练"二字，这

明·黄花梨靠背椅
高103cm，长53.5cm，
宽42.5cm
攻玉山房藏

明·杨彭年制陈曼生铭瓢
提壶
高18.3cm，口径6.7cm
壶铭："煮白石，泛绿云，
一瓢细酌邀桐君。曼铭频
迦书。"
上海博物馆藏

也是明式家具、紫砂壶的艺术"通感"。这种艺术通感来源于灵感深处的庄禅之道，来源于文人墨客的艺术实践的大彻大悟，以"无"为"有"，以"少"胜"多"，以"简"删"繁"。庄禅之道常将世界万物归纳为"无""空"，其实这"无""空"并非指没有，恰恰相反，这"无""空"应理解为"一切"，它是以最少最本质的表现手段来反映大千世界。

紫砂壶一般可分为两大类，即"光货"和"花货"，而大凡文人参与制作的都是"光货"为多，较少涉及"花货"，追其原因，"光货"更能体现中国传统艺术的线条美，更能体现文人艺术返璞归真、以少胜多的艺术审美情趣。"花货"虽工艺超群，惟妙惟肖，展现工匠艺人的高超技术，但它与明清时期文人崇尚简素空灵的审美心态不同。明清文人制作的典型茶壶，就足以证明其审美情趣。

紫砂壶艺早从明代正德嘉靖年间始就有文巧与古拙两大流派之分。在周高起《阳羡茗壶系》中对供壶之后的制壶"名家"董翰、赵梁、玄锡、时朋的评论也在这"巧拙"的范畴内。评价董翰文巧，即精细机巧，这是刻意求工之精，既雕既琢之精，不免流于低俗与习气；而时朋等人则力推高古朴拙，简练大方。相对"精"而言，称之为"粗"，是无雕琢且得天然的狂放之"粗"，复归于朴之"粗"，这是高于一般匠人工艺之气的更高层次，是超越自我、俯仰古今、去俗返素的审美理念。在《阳羡茗壶赋》中，吴梅鼎对制壶艺人徐友泉制壶技巧高度评价，并称之为"综古今而合度，极变化以从心"，但是徐友泉晚年对自己的所谓精工细作、毫发毕现的创作并不满意，叹曰："吾之精终不及时之粗。"
这不是徐友泉对时大彬的自谦之词，而是对自己制壶
过于求工求细的流派风格的反思与评判。一九八四年
在无锡县彩桥村明代华氏家族墓（墓主为华师伊，明
翰林学士，万历四十七年卒于家，葬于崇祯二年）中出
土的时大彬如意纹盖壶，壶身圆形，丰满光洁，装饰简
洁，气度宏大，"不务妍媚而朴雅坚栗"（周高起《阳羡
茗壶系》），完全印证了徐友泉的评价。以时大彬为代
表的"粗"，实为"简练"，达到删繁就简、皈依朴素的艺
术效果。

　　王世襄品评明式家具时，对其"品"与"病"作了
最为权威的评点，他概括的"明式家具十六品"，把明式
家具分为五组，列第一组第一品的就是"简练"，并指出
"明式家具的主要神态是简练朴素，静雅大方，这是它的
主流"（王世襄《锦灰堆》卷一），并以紫檀独板围子罗汉

明·黄花梨无束腰罗锅枨马蹄足榻
长209.6cm，宽87cm，高52.7cm
攻玉山房藏

明·时大彬如意三足壶
高11.3cm，口径8.4cm，
腹径10.7cm，底径4.5cm
款："大彬"
锡山市文物管理委员会原藏

床为例：床用三块光素独板做围子，只后背一块拼了一窄条，床身无束腰，大边及抹头线脚简单，用素冰盘沿，只压边线一道。腿子为四根粗大圆材，直落到地。四面施裹腿罗锅枨加矮老。此床从结构到装饰都采用了极为简练的方法。构件变化干净利落，功能明确，结构合理，造型优美。它给予我们视觉上的满足和享受，无单调之嫌，有隽永之趣。又如第十三品"空灵"是一具黄花梨靠背椅，既似灯挂又接近"一统碑"式。后腿和靠背板之间空间较大，透光的镂挖，后背更加疏朗。下部用牙角显得非常协调，轻重虚实，恰到好处。整把椅子显得格高神秀，超逸空灵。再如美国中华艺文基金会编著的《明式家具萃珍》中收录的一把十六世纪黄花梨禅椅，椅盘甚大，宽、深相差三毫米，成正方形，可容跏趺坐，椅盘下安罗锅枨加矮老，足底用步步高赶枨。这是典型的由宋椅演变而来的样式，比玫瑰椅大，但用料单细，极为简洁、透空。一九九六年美国中国古典家具学会著的《中国古典家具博物馆图例录》对这把禅椅做出了高度评价：极简主义式的线条，透明无饰的造型，这张禅椅展现了中国自古以来所推崇的质地静谧、纯净及古典式的单纯。在二十世纪初期，旅居中国的西方人士即为这些特质大为倾倒。素简空灵的艺术魅力，简练而不简单，单纯而不单调，古朴典雅、空灵超逸，便足称为上上品。

　　明清文人对这种素简空灵的审美价值的重视和欣赏，直接来自我国数千年美学思想的自然演进和发展，是历代经久不衰的以线造型的传统，摆脱彩色的纷华灿烂，轻装简从，直接把握物的本质，具有相当的概括性、抽象性、主观性、精神性和虚拟性。正如宗白华《论素描》一文中指出的"抽象线纹，不存于物，不存于心，却能以它的匀整、流动、回环、曲折，表达万物的体积、形态与生命；更能凭借它的节奏、速度、刚柔、明暗，有如弦上的音、舞中的态，写出心情的灵境而探入物体的诗魂"，指出"素描的价值在直接取相，眼、手、心相应以与造物肉搏，而其精神则又在以富于暗示力的线纹或墨彩表现出具体的形神。故一切造型艺术的复兴，当以素描为起点；素描是返于'自然'，返于'自心'，返于'直接'，返于'真'，更是返于纯净无欺"。明清文人画及其对线条和墨韵的追求，就是强调这种线所勾成的刚柔、焦湿、浓淡的对比，勾成粗细、疏密、黑白、虚实的反差，勾成运笔中的急、徐、舒、缓的节奏的处理，以净化的、单纯的笔墨给人以美感，表现文人内心深沉的情感，精深的修养，艺术的趣味，独特的个性，展现其文人性情深处的超逸脱俗的心态。而明清文人的这种审美心态又直接深深地影响了明清家具和紫砂壶制作的文人化及其艺术风格的形成。

明清文人对简素空灵的艺术表现形式的追求，作为千百年来我国美术思想精髓的自然演进，绝不是一种形式主义的倒退，也不是繁华世界的简单化，而是艺术的高度概括，是明清文人情感特质的本质反映。这一时期的审美倾向当然也集中反映在由文人直接参与设计制作的明式家具和紫砂壶中，形成了明式家具、紫砂壶上乘之作的千古永恒的艺术美感：线条流畅、简素空灵，使之形成了足以跨越东西方时代和背景的东方神韵。我们更为这一时期文人和工匠大师为追求简素质朴所作出的巨大努力所佩服。如清道光咸丰年间（1821～1862），邵大亨在制作紫砂器具进程中开一代新风，一改康乾时期宫廷化的繁缛靡弱之风，重新强调紫砂器质朴典雅、简素大方的气质，又不失功能的适用、形式上的完整和技法的老到，充分反映了邵大亨在壶艺创作中将"用"和"意"浑然相通、融为一体的高超技艺以及把握美感、追求闲逸之趣的文人化倾向。

所以说，明式家具和紫砂壶的上乘之品所体现的简素空灵，所反映出来的美学思想，所表现出来的文人化倾向，完全是那个时期的文人审美心态所决定的。当人

明·黄花梨四出头弯材官帽椅
宽58.5cm，座高52.5cm，通高119.5cm
王世襄《明式家具研究》录

们欣赏这些艺术神品、逸品时，呈现在眼前的不仅仅是
几件家具、几把茶壶，而是净化的、单纯的、趣味横生
的、给人以无限遐想的艺术世界；是蕴含于其中的作者
深沉的情感，精深的修养，艺术的魅力，独特的个性、
禀赋和气质。

明·黄花梨三层壶门圈口架格
高173.9cm，纵38.5cm，横103.3cm
攻玉山房藏

清·紫檀画斗
直径25.9cm，高22.5cm
攻玉山房藏

璞玉浑金 文质合一

——明式家具、紫砂壶的本真之美

明式家具和紫砂壶以其独特的材质而为世人称誉，正因为它们特殊的材质，与文人审美中的"文质合一"的理想十分契合，达到了璞玉浑金的艺术境界。

"璞玉浑金"一词来源于《世说新语·赏誉》："王戎目山巨源如璞玉浑金，人皆钦其宝，莫知名其器。"璞玉浑金是中国文人传统的一种审美理想，意思是天然美质，未加修饰。这种推崇古朴自然但又美奂其内的审美理想，又与中国传统的"文与质"的辩证关系有着重大的关联。

文与质的关系，孔子在《论语·雍也》中就提出了"质胜文则野，文胜质则史，文质彬彬，然后君子"的著名论断，强调文质彬彬的和谐境界。这个观点一直为后来学者奉为圭臬。关于文与质的关系，其实一直以来各有各的观点，《说苑》还记述了这样一个故事：

> 孔子见子桑伯子，子桑伯子不衣冠而处。弟子曰："夫子何为见此人乎？"曰："其质美而无文，吾欲说而文之。"孔子去，子桑伯子门人不说，曰："何为见孔子乎？"曰："其质美而文繁，吾欲说而

去其文。"

上面这个故事，或许是后人的杜撰，并非历史事实。但从美学的角度来看，特别有意思。两人各执一端，一个质美而无文，一个质美而文繁，关于质与文的争论，持续了很长时间，直到明末清初，这个问题还是许多文论中的一个核心问题。其实，文与质的关系，孔子有过更深入的论述。《论语·颜渊》中记录了一段子贡与棘子城关于外在形态之美的争论：

> 棘子城曰："君子质而已矣，何以文为？"子贡曰："惜乎！夫子之说君子也，驷不及舌。文犹质也，质犹文也；虎豹之鞟犹犬羊之鞟也。"

文犹质也，质犹文也，这种文质统一的观点，充满了辩证法。在明式家具、紫砂壶中，文与质达到了高度的统一，它们的材质之美，既是内在的质之美，也是外在的文之美。

王世襄在谈论明式家具之美时，概括明式家具具有的"五美"，即木材美、造型美、结构美、雕刻美、装饰美，但五美之首是木材美。"珍贵的硬木或以纹理胜，如黄花梨及鸂鶒木。花纹有的委婉迂回，如行云流水，变幻莫测；有的环围点簇，绚丽斑斓，

明·黄花梨素圈椅
王世襄《明式家具研究》

明·黄花梨翘头案面心
天然纹理

被喻为狸首、鬼面。或以质色胜，如乌木紫檀。乌木黝
如纯漆，浑然一色；紫檀则从褐紫到浓黑，花纹虽不明
显，色泽无不古雅静穆，肌理尤为致密凝重，予人美玉
琼瑶之感。难怪自古以来，又都位居众木之首。外国家
具则极少采用珍贵的硬木材料。"（《锦灰二堆·明式家具
五美》）王世襄先生认为这是明式家具的首美。

　　明式家具的简约流畅，自然朴实，就是为了充分展
现木材自身的材质、纹理、色泽之美，所以我们很少见
到明式家具有大面积的雕饰，在整体的构造中，充分展
现材质之美。这种审美观，十分契合中国文人的璞玉浑
金的文质观。袁宏道《瓶史》中，谈到家具时称：

　　　室中天然几一，藤床一。几宜阔厚，宜细滑。
凡本地边栏漆桌描金螺钿床，及彩花瓶架之类，皆
置不用。

　　其中"几宜阔厚，宜细滑"正是要求家具充分展示
木材本身那种细腻和宏硕的美感。这种追求材质阔厚的
认识，直到清代家具中都完整地保留下来。虽然清代家
具的风格已经完全发生了变化，一改明式家具简约的风
格，崇尚端庄凝重，在雕饰上繁缛复杂，出现了各种材
质的镶嵌和大面积的雕饰，但在用料上，以一木制成的

仍为上佳，在细小的部件上，也是用料宽裕，这是明代家具材质观的一种遗风。

在硬木树种中，铁梨木是最高大的一种。因其料大，多用其制作大件器物。常见的明代铁梨木翘头案，往往长达三四米，宽约六十至七十厘米，厚约十四至十五厘米，竟用一块整木制成。为减轻器身重量，在案面里侧挖出四至五厘米深的凹槽。铁梨木材质坚重，色彩纹理与鹩鹧木相差无几。不仔细看很难分辨。有些鹩鹧木家具的个别部件损坏，常用铁梨木修理补充。乾隆年间的文人李调元曾任广东学政，在他的笔记《南越笔记》中曾记载铁梨木，这是古代文人记录木材不多的文字之一：

> 铁梨木理甚坚致，质初黄，用之则黑。黎山中人以为薪，至吴楚间则重价购之。

吴越地区经济发达，文人密集，铁梨木宽厚硕大的特征满足了文人对家具材质的要求，所以出现了重价购之的局面。

在明代家具的用材中，除黄花梨、铁梨木外，笔者要特别指出有两种材质最能反映文人士大夫的美学追求。其一是紫檀，又名紫榆，主要产地为东南亚群岛。明代皇室常派员下南洋诸群岛采办。关于"檀"始见于《诗经·伐檀》的"坎坎伐檀兮，置之河之干兮"。可见，我国古代也有生长并大量使用。当然，诗经中的"檀"的含义可能更为广泛。紫檀木生长慢，百年才能成材。明之前，大体已采伐殆尽，材源枯竭。物以稀为贵，明清两代用紫檀木制作家具更是难能可贵了。按"鲁班馆"

的传统说法，紫檀分为：金星紫檀、鸡血紫檀和花梨纹紫檀。但不管是哪一类紫檀，其每一块材料所产生的纹理、色泽都不尽相同。再加上割锯、精磨、浸泡，其木质从边材到心材呈现不同色泽，由边材的黄褐红色渐变到心材的紫红色。其间黑色花纹极为细腻，木质里所含有的紫檀素及油胶物质加上管孔中充满晶亮的硅化物，油润坚重。其花纹似名山大川，如行云流水，远在碧玉琼瑶之上，黑色花纹扭曲飞动，犹如铸进去一般，极为静穆华丽，可谓鬼斧神工，精美绝伦。而由紫檀制成的家具日久后或呈深琥珀色，或呈灰褐色，加上紫檀材质中所含有的蔷薇花香味遇到湿润的空气慢慢地释放出来，显得尤为高贵。紫檀木沉重坚硬，纹理致密，色调沉稳，古雅静穆。经过打蜡、磨光和空气氧化，经人体皮肤的接触，久而久之便温润如玉，材质表面发出缎子般的光泽。紫檀的魅力，还在于材质纹理的耐看和宜把玩。一件精美的紫檀家具，在手抚和触摸下，温软赛玉，润泽心田。紫檀木犹如和田脂玉，冬日触摸，温暖可亲，夏日抚之，凉意沁人，显示出内坚外润的质地和无限的灵性。

其二是榉木，也称椐木。如果说紫檀木的家具是贵族，那榉木就是布衣草民了，但正如青花瓷器分为"官窑"和"民窑"一样，其艺术水准不因贵贱而分伯仲。榉木家具虽不及黄花梨家具美艳，也不及紫檀家具珍贵，但它在明式家具中始终为一个大家族，在中国家具的历史长河中呈现出博大而多姿的风采。榉木，属榆科，为落叶乔木，产于长江以南地区，高达数丈，树皮灰厚坚硬，纹质硬坚理直。木材边材为黄褐色，心材暗褐呈栗褐色，纹理细润，富于变化。材面光滑，色纹并茂，其花纹如山峦重叠，又似多层宝塔，流畅灵动；其色泽如琥珀温润，又似黄花梨，华丽而不张扬。榉木的使用历史悠久。榉木家具的生产和使用在明代早于黄花梨等硬木家具，明万历年间松江人范濂在《云间据目抄》中记载："细木家伙，如书桌禅椅之类，余少年曾不一见，民间止用银杏金漆方桌……隆万以来，虽奴隶快甲之家，皆用细器……纨绔豪奢，又以榾木不足贵，凡床、橱、几、桌皆用花梨……"榉木家具虽不属硬木，但在江南又被视为硬木，所制家具极为坚固。一般说来，江南人家常在屋前屋后栽上榉树，成材后为子孙打造家具所用。榉木家具的式样和制作工艺完全与用黄花梨、紫檀等木材打造的明式家具一样。最精致的榉木家具基本出产在苏州地区，所谓苏作家具也以榉木为主。苏州的工匠技艺超群，在明代高手如云，承传有序。明代在苏州东山制作的苏式家具中已大量使用榉木。特别是到明中后期黄花梨材源濒临枯竭，大量明式家具都以榉木制成，用榉木制作的几、榻、床、柜、案，仍然不失其质朴文雅。特别是榉木如同黄花梨的色泽和大方流畅的花纹，更令人爱不释手。所以，相比之下，榉木家具流传在民间更多，无论贫富贵贱，历来为文人士大夫所钟爱。人们常见的形制非常古朴平易的明式榉木家具，其艺术成就不在黄花梨、紫檀家具之下。其中有不少品种还为明式家具的"孤品"。如王世襄先生在《明式家具珍赏》中列举的原藏于中央工艺美术学院的明榉木矮南官帽椅就是充分证明。当代不少文人学者和外国明式家具爱好者专

明 · 榉木矮南官帽椅
长71cm，宽58cm，座高31.5cm，通高77cm
王世襄《明式家具研究》

门收藏榉木明式家具，究其原因，主要是为其材质既有黄花梨的色泽，而花纹更加明朗流畅，如行云流水、古朴典雅。

不管是紫檀，还是榉木，其木材质地之静穆、坚硬、古朴，其花纹之多姿、流畅、华丽，其色泽之如阗玉温润典雅，充分说明明式家具用材质地的讲究。无独有偶，紫砂壶能为文人所钟情的原因也在于其特有的质地，常说"紫玉金砂"可谓妙也。

珍贵的木材是千金难求，但更有甚者，"人间珠玉安足取，岂如阳羡溪头一丸土"。紫砂壶以其独特的材质，享誉世间。

紫砂土是一种颗粒较粗的陶土，原料呈沙性，从技术层面来看，这种沙泥高温加热后不会瓷化。从颜色上分主要有三种：一种是紫红色和浅紫色，称作"紫砂泥"，用肉眼可以看到闪亮的云母微粒，烧成后成为紫黑色或紫棕色；一种为灰白色或灰绿色，称为"绿泥"，烧成后呈浅灰色或浅黄色；还有一种是棕红色，烧成后呈红色，称为"红泥"。三者之中紫砂泥最多，而绿泥、红泥较少。

周高起在《阳羡茗壶系》中说："近百年中，壶黜银锡及闽豫瓷，而尚宜兴陶……陶曷取诸，取诸其制，以本山土砂能发真茶之色香味。不但杜工部云'倾金注玉惊人眼'，高流务以免俗也。"这段文字目前广为引用，但杜甫的那句诗，更令人留意，金玉其美，这是紫砂的独特之美。明式家具与紫砂壶所呈现出的这种无言大美，反映了中国文人心灵深处对美的一种十分独特的认识，也是他们生命本质的一种微妙的体现。

首先是本真。明式家具之美在材质之美，紫砂壶之美在于砂泥，明式家具由于家具木材的变化，人们的审美情趣，已从髹漆的人工之美，转化为追求木质的天然之美。那些优质硬木质地坚硬，强度高，色泽幽雅，纹理清晰而华丽，为了更好地体现这些木质的天然之美，所以在装饰家具时以不髹漆为主要工艺，即所谓"清水货"，只在其上打磨上蜡。这种追求天然的木质纹理之美的理念，体现了古人的崇尚自然、师法自然的艺术宗旨，故而营造了明式家具的古朴端庄的情趣。明代家具经过了数百年的使用与流传，大都表面呈现出一种自然光泽，俗称"包浆"。这种天然的肌理质感，在今天看来更加意蕴丰富，耐人寻味。同样，紫砂壶也不尚施釉，旖旎的本真面目却焕发出绝美的气息，这是自然去雕饰的杰作。

李渔在游历广东的时候，发现广东的木器制作上往往附饰太多，不由发出感慨：

予游东粤，见市廛所列之器，半属花梨、紫

檀，制法之佳，可谓穷工极巧，只怪其镶铜裹锡，清浊不伦。(《闲情偶寄·器玩部》)

这清浊之清，就是我们认为的本真的自然之美。在文震亨的《长物志》中，谈到书桌，他指出"漆者尤俗"，认为不加髹漆，才更为清雅。当时的著名学者章学诚在他的代表作《文史通义》中也论及："与其文而失实，何如质以传真。"(《古文十弊》)这种对本真的追求，是当时极为普遍的审美理念。

唐代诗人顾况形容越窑瓷时有这样的诗句："舒铁如金之鼎，越泥似玉之瓯。"其实，金玉其质是中国传统中对本真之美的一个概括，就是所谓"金玉其质、冰雪为心"。明式家具、紫砂壶的璞玉浑金的本真特点，与当时文人追求内心本真的理念完全契合。

李贽《童心说》代表了明代晚期十分重要的思想潮流，他认为：

明·紫檀海棠式开光座墩
面径28cm，高52cm
王世襄《明式家具研究》

> 夫童心者，真心也；若以童心为不可，是以真
> 心为不可也。夫童心者，绝假纯真，最初一念之本
> 心也。若夫失却童心，便失却真心；失却真心，便
> 失却真人。人而非真，全不复有初矣。

这种童心之说，和当时的心学是密切相联系的，即使在《菜根谭》这样的人生哲理的普及读本中，也有"夸逞功业，炫耀文章，皆是靠外物做人。不知心体莹然，本来不失，即无寸功只字，亦自有堂堂正正做人处"的认识。所谓"心体莹然"，就是本真的概念。这种本真的观念，在当时的学人论述中是十分多见的。明式家具、紫砂壶的材质之美，与当时这种本真之美是基本同调的。

其次是焕彩。

周高起在《阳羡茗壶系》中描述道："壶经久用，涤拭日加，自发黯然之光，入手可鉴。"这是紫砂壶出现的一个十分独特的现象：包浆。这个现象在明式家具中也存在。关于包浆，直至现在还没有一本专著，专门论及"包浆"的成因。"包浆"，其实就是光泽，但不是普通的光泽，而是器物表面的一层特殊的光泽。大凡器物经过长年久月之后，经过人与器物的反复触摸即所谓与"人气"的接触才会在表面上形成这样一层自然的幽然光泽，对于家具也可称"皮壳"，即所谓"包浆"是也。也可以这样说，包浆是在时间的磨石上，被岁月的流逝运动慢慢打磨出来的，那层微弱的光面异常含蓄，若不仔细观察则难以分辨。包浆之为光泽，含蓄温润，幽幽的毫不张扬，予人一份淡淡的亲切，有如古之君子，谦谦和蔼，与其接触总能感觉到春风沐人，符合一

个儒者的学养。这种包浆，从美学的角度来仔细分析，它是明与昧、苍与媚的完整统一。说它明亮，包浆的光亮的确光华四射，夺人眼目，但仔细看，它又绝非浮光掠影，而是暗藏不露，有着某种暗昧的色彩。这种光亮十分神奇，一如周高起所说的"黯然之光"，说这种光亮苍老，的确是经过岁月的洗礼而毫无火躁之气，但它又极其清新妩媚，仿佛池塘春草、柳变鸣禽。明与昧、苍与媚的和谐统一，极其符合中国艺术精神，也符合中国文人的人生原则。香港的董桥在谈到包浆时，有一比喻："恍似涟漪，胜似涟漪。"这个比喻是十分贴切的。日本人奥玄宝在《茗壶图录》中称赞紫砂壶"温润如君子，豪迈如丈夫，风流如词客，丽娴如佳人，葆光如隐士，潇洒如少年，短小如侏儒，朴讷如仁人，飘逸如仙子，廉洁如高士，脱俗如衲子"，我觉得用来称赞包浆更为合适。

其三是色调。无论明式家具还是紫砂壶，从色谱来看，基本是紫红渐至黝黑，即使是黄花梨，本色为棕黄色，但在空气中逐渐氧化后，也会出现红褐色。这种色调，充满了中国的气息，我们统称为紫色。在古代，紫

清·邵旭茂制提梁壶
底印：荆溪、邵旭茂制
高23cm，口径12.3cm
宜兴紫砂工艺厂藏

色是高贵典雅的象征：天宸的"紫微星"，天下的"紫禁城"，深宫称为"紫台"，祥瑞谓之"紫气"。古代以紫色为贵，古语中"纡青拖紫"、"芥拾青紫"、"朱紫尽公侯"、"满朝朱紫贵"都对紫色充满了赞美。在典籍中查考紫色，我们发现，紫色的文化传统十分久远。《韩非子·外储说左上》："齐桓公好服紫，一国尽服紫，当是时也，五素不得一紫。"在《汉书·百官公卿表上》中，紫色是"相国、丞相"的标志之一，所谓"金印紫绶"，成语中的"纡青拖紫"出处见汉代扬雄的《解嘲》，李善注引《东观汉记》："印绶，汉制公侯紫绶，九卿青绶。"我们常说的紫气东来，比喻吉祥祥瑞，出处是在汉代刘向的《列仙传》："老子西游，关令尹喜望见有紫气浮关，而老子果乘青牛而过也。"到了洪升的《长生殿》中，"紫气东来，瑶池西望，翩翩青鸟舞前降"，这"紫气东来"已成了俗语，妇孺皆懂了。我们在明式家

清·博浪椎壶
高85mm，口径46mm
铭款："铁为之，沙抟之，彼一时，此一时。报翁铭"
上海唐云原藏

具和紫砂壶中，反复感受它既温暖又坚莹、既生动又典雅的色泽，我们认为这是它们材质不加粉饰、又绝不可替代之美。

这种文质彬彬的美，这种文与质达到和谐之美，极符合中国文人的审美理想，张岱在《陶庵梦忆》中称：

> 宜兴罐，以龚春为上，时大彬次之，陈用卿又次之……一砂罐、一锡注，直跻之商彝周鼎之列而毫无惭色，则是其品地也。

明·黄花梨夹头榫折叠式
大平头案
长208.6cm，
宽63.5cm，高85.6cm
攻玉山房藏

　　紫砂壶能与国之重器比肩，主要原因即是有了人文的因素，这就是所谓的"品"，但更主要的，还须有这种璞玉浑金的"地"。明式家具、紫砂壶之所以成为中国物质文化的杰出代表之一，正是文人的情怀和无与伦比的材质产生共鸣的结果。真可谓君子如玉，文质彬彬。

清 · 徐扬《姑苏繁华图》（局部）
全长1241cm，画心高39cm
辽宁省博物馆藏

几案一具 闲远之思

——明式家具、紫砂壶中的市隐诗意

明清两代，江南文人的功名情况仍为全国之冠，仅进士数量在全国比例高达15％，明代状元占全国的四分之一；清代状元共112人，江苏占49人，浙江占20人，江苏的状元占整个清代状元的43.75％，浙江则占17.86％，二省共占61.6％。三鼎甲的336人中，江、浙二省有193人，占57％，超过半数。其中以苏、常、松、杭、嘉、湖地区尤甚。然而这对于落榜者来说还是区区小数，更多的文人所拥有的命运是名落孙山，浪迹江湖，但是新的经济关系和经济结构正在发生变化，商品流通日趋繁荣，社会风气和社会价值观随之也发生新的变化。隐逸作为治疗中国文人心理创伤的简单的传统剂方，又呈现出新的形态，新旧交替的社会背景促使明清文人开始出现多种情感特征，多种艺术风貌，多种审美追求，从而构成了与前代文人相区别的又一特质。不少文人由政治失意转向内心宁静，一股觉醒的人性解放之风，给文人的精神世界注入了新的生机。明清文人开始徜徉山水，漫步园林，时时体会到一种清新的生活情趣，感受开明欢快的浪漫风潮的熏染。朴质、平易、惬意成为文人这种充溢内心的乐观向上、生气勃勃的美好心境的体

现。这种乐观的生活情趣，是对人对己情感的尊重，是对享乐对人欲的肯定，是清新、欢快乃至戏谑、幽默情感的开拓。他们不满足于借山水、花鸟聊写胸中逸气，而是开始把自己的艺术与现实生活融为一体。他们不仅用诗、赋、书、画等方式以寄隐逸、清高，同时开始走向生机勃勃的民间社会，走向斑斓多彩的市民生活，从艺术创作中享受文化，从文化生活中创造典雅。此时文人的隐逸可以称作"市隐"。

明代以来的社会经济变化，使农业和手工业也随之得到了相应发展，除北京、南京这两大城市充分发展外，集中在江南苏、常、松、杭、嘉、湖地区的新兴城市人口集聚、商贾云集，商品经济都市生活异常活跃。明代学者王士性《广志绎·江南诸省》记载："浙西俗繁华，人性纤巧，雅文物，喜饰鬐鴕，多巨室大豪，若家童千百者，鲜衣怒马，非市井小民之利。"云云。清《姑苏繁华图》记录了清乾隆年间苏州的繁华景象，其中一段画万年桥北半街"松萝茶社"，另一段画越城桥畔一缸坛店有茶壶出售，生动有趣。这一时期海禁开放，乌木、紫檀、花梨等各种名贵木料的进口，为明清细木家具制造和发展打下了基础。特别是不少文学家、戏曲家、诗人、画家、收藏家、鉴赏家等所谓文化人出于社会和自身的爱好和需求，纷纷与匠人高手联手设计制作家具文房、紫砂壶等，推动了家具、紫砂壶的品种和形制的发展。这些情况在高濂《遵生八笺》，张岱《陶庵梦忆》、《西湖梦寻》，文震亨《长物志》，宋应星《天工开物》，周高起《阳羡茗壶系》，吴骞《阳羡名陶录》，李渔《闲情偶寄》和沈复的《浮生六记》等书籍中有生动而翔实的记录。他们以文人的眼光、审美心态和生活情趣从多方面强调了"典雅"、"古朴"、"简素"
的艺术享受和审美要求。

我们不妨来读读张潮的《幽梦影》，可以发现，明末
清初的知识分子在生活的诗意上达到了极高的高度，并
且以此作为慰藉人生的一种有效方式。

　　楼上看山；城头看雪；灯前看花；舟中看霞；
月下看美人；另是一番情景。

　　山之光；水之声；月之色；花之香；文人之韵
致；美人之姿态；皆无可名状，无可执着。真足以
摄召魂梦，颠倒情思！

　　窗内人于纸窗上作字，吾于窗外观之，极佳。

　　梅边之石宜古；松下之石宜拙；竹旁之石宜
瘦；盆内之石宜巧。

　　梅令人高，兰令人幽，菊令人野，莲令人淡，
春海棠令人艳，牡丹令人豪，蕉与竹令人韵，秋海
棠令人媚，松令人逸，桐令人清，柳令人感。

清·徐扬《乾隆南巡图》中家具店情景
美国纽约大都会博物馆藏

园亭之妙，在丘壑布置，不在雕绘琐屑。往往见人家园亭，屋脊墙头，雕砖镂瓦，非不穷极工巧，然未久即坏，坏后极难修葺，是何如朴素之为佳乎。

张潮，字山来，号心斋、仲子，安徽歙县人，生于清顺治八年（1651），著有《花影词》、《心斋聊复集》、《幽梦影》等书，其中以《幽梦影》最著名。这本一万多字的语录式小品集，在典籍中的地位不高，但1936年章衣萍在徽州用重金购买了同乡张潮的《幽梦影》抄本，并给林语堂看了，林语堂很是喜欢并翻译成英文。此书出版后，成为一本知名度很高的小品集。林语堂之所以喜欢这本书，在他的名著《生活的艺术》中有着详细的阐述："中国人之爱休闲，有着很多交织着的原因。中国人的性情，是经过了文学的熏陶和哲学的认可的。这种爱悠闲的性情是由于酷爱人生而产生，并受了历代浪漫文学潜流的激荡，最后又有一种人生哲学——大体上可称为道家哲学——承认它为合理近情的态度。中国人能囫囵地接受这种道家的人生观，可见他们的血液中原有着道家哲学的种子。"林语堂所说的中国人，其实是中国文人。他发现中国人的生活中浸润着的哲学观念，西方人士是很难理解的，但这恰恰是了解中国文化的一把十分重要的钥匙，所以有了《吾国吾民》和《生活的艺术》。

林语堂的理解，我认为是值得重视的。明季之后，中国文人的日常生活融合了儒、道、释的哲学理念，这里面既有儒家的温暖又有道家的逍遥，同时也有佛家的清空，最后形成一幅极具文学艺术特性的典雅的生活画卷，他们不再寄情于荒野的山林，而是在城市中构筑山水真意的隐逸之地，开始了大隐隐于市的"市隐"时代。他们的情感世界，他们的生活情趣，他们的审美理念，无一不在日常生活中得到物化，同时在物化世界中又展现中国文人独有的精神画卷。

在这里，笔者要谈到中国传统士大夫的隐逸文化。

从伯夷、叔齐开始的避世隐逸传统，一直是中国知识分子在出世与入世之间的一个重要选项。这个选项的重要性体现在隐逸使知识分子具有现实批判的超越性和话语权，并具有捍卫精神传统的崇高感。但不能否认，隐逸作为一种现象，是十分复杂的。"道不行，乘桴浮于海"，孔子的喟叹，是仕途失意之隐；"少无适俗韵，性本爱丘山"，陶渊明的述怀，这是怡情之隐；"红颜弃轩冕，白首卧松云"，李白的赞颂，是愤世之隐；"大梦谁先觉，平生我自知"，诸葛亮的自许，这是蛰伏之隐……总之，

仇英款《梧竹书堂图》
（局部）
上海博物馆藏

明·崇祯刻本笔记小说
《清凉引子》插图

在隐逸的现象背后，其实也有着各种各样的诉求。同时，在如何隐的问题上，也各有方式。"隐于道"，是在学问道德中隐逸，是大隐，道隐无形，只要有圆融宏大的人格，就可以"独善其身"获得精神解脱；"隐于朝"，是智隐，平衡于各种权力之间，有效地运用体制保护自己，但求保持自身的人格纯度，获得隐逸的自由；"隐于林"，隐于山林，是苦隐，在忍受着心灵撕裂和生活贫困的痛苦的同时，创造出丰富的精神价值；"隐于禅"，是玄隐，在宗教的信仰和情绪中，解脱生命的痛苦和牵绊，获得精神的自由。

　　然而，在隐逸文化中，也有着方便法门。这种隐逸，甚至不需要特定的形式，呼之即来，挥之即去，这就是

所谓的"酒隐"和"狂隐"。隐于酒，是借酒和世俗生活
建立起屏障，为自己获得自由，隐于狂也同样如此。"天
子呼来不上船，自称臣是酒中仙"，这种姿态，让自己获
得的自由度急剧提高。其实，酒隐具有悠久的历史，像
魏晋时期的刘伶，撰写了《酒德颂》："无忧无虑，其乐
陶陶。兀然而醉，豁尔而醒。静听不闻雷霆之声，熟视
不睹泰山之形。不觉寒暑之切肌，利欲之感情。"这种醉
而忘忧的人生态度其实是避世的一种方法。到了宋代，
时代精神虽然变得柔弱，但内心世界却变得更为细密精
致，苏轼提出了酒隐："世事悠悠，浮云聚沤。昔日浚
壑，今为崇丘。眇万事于一瞬，孰能兼忘而独游？爰有
达人，泛观天地。不择山林，而能避世。引壶觞以自娱，
期隐身于一醉。……醋曦皇之真味，反太初之至乐。烹
混沌以调羹，竭沧溟而反爵。……暂托物以排意，岂
胸中而洞然。"(《酒隐赋》)在赋前的小序中，苏轼记

明·文徵明《惠山茶会图》
纵22cm，横67cm
故宫博物院藏

道："凤山之阳，有逸人焉，以酒自晦。久之，士大夫知其名，谓之酒隐君，目其居曰酒隐堂，从而歌咏者不可胜记。"这既是苏轼写《酒隐赋》的由来，也是酒隐的由来，酒隐模式也被公认为一种重要的隐逸模式。

与酒隐模式接近的，是狂隐。在宋是酒隐，到明代中晚期就出现了狂隐。这种狂，在前面明清文人的精神素描中谈过，它既是一种政治生态的产物，同时也是文人隐逸传统的产物。这种狂，是佯狂，但几乎成为名士的一种标志，以至于有个和尚对弟子说："汝欲名声，若不佯狂，不可得也。"（《锦江禅灯》卷十八）

然而，在明清时期，真正的隐逸主流是市隐，也就是我们常说的"壶天之隐"。有人曾经统计过，明朝前后二百六十多年，时间不短，但是在《明史》中记载的隐士不过寥寥数人；每人名下也不过寥寥数语，在明史三百多卷的巨著中，不过占千分之一的分量。明代隐逸文化之不兴，由此可见一斑。但是隐逸精神的世俗化，使得隐逸出现了十分奇特的景象。

我们以袁中郎为例。

万历二十三年（1595），二十八岁的袁宏道被朝廷派到江苏吴县（县治在今天的苏州）当县令。当时的苏州地区是全国最富庶的地区之一，在那里做父母官，应该是一个美差。但在接下来的时间里，袁宏道除了抱怨还是抱怨。"上官如云，过客如雨，簿书如山，钱谷如海，朝夕趋承检点，尚恐不及，苦哉！"同时得出结论，"人生作吏甚苦，而作令尤苦。若作吴令则其苦万万倍，直牛马不若矣。"(《致沈广乘》)最终，万历二十九年（1601），中郎获准辞官。归隐后他在老家公安栽了许多株柳树，建起了"柳浪"居。这种强烈的隐逸思想，内在的驱动力是什么呢？追求快活。袁中郎有十分著名的"五快活论"，在这里不妨抄来：

> 目极世间之色，耳极世间之声，身极世间之鲜，口极世间之谭，一快活也。堂前列鼎，堂后度曲，宾客满席，男女交舄，烛气熏天，珠翠委地，皓魄入帐，花影流衣，二快活也。箧中藏万卷书，书皆珍异。宅畔置一馆，馆中约真正同心友十余人，人中立一识见极高，如司马迁、罗贯中、关汉卿者为主，分曹部署，各成一书，远文唐宋酸儒之陋，近完一代未竟之篇，三快活也。千金买一舟，舟中置鼓吹一部，妓妾数人，游闲数人，泛家浮宅，不知老之将至，四快活也。然人生受用至此，不及十年，家资田产荡尽矣。然后一身狼狈，朝不谋夕，托钵歌妓之院，分餐孤老之盘，往来乡亲，恬不知耻，五快活也。(《致龚惟长先生》)

在袁中郎的文字中，这种快活有时也失之于狭邪，但性情的流露，显得毫不扭捏作态，同时这表明，当时的隐逸并不完全是心中有块垒之气而使然，恰恰相反，生活舒适和生命张扬成为隐逸的一个目标，在美色、美声、美物、美味、美言中，达到心与物的和谐，人与社会、宇宙的和谐。明清时期的隐逸文化，是中国隐逸文化集大成者，但不再孤愤，而是一缕淡淡而美丽的伤感；不再清苦，而是一份富足的舒适；不再关切，而是在温暖的生活中表达一份冷淡。这一切，都通过对生活中一事一物的趣味表现出来。所以，袁宏道在《叙陈正甫会心集》中开宗明义："世人所难得者唯趣。"他进一步论述道：

趣如山上之色，水中之味，花中之光，女中之态，虽善说者不能一语，唯会心者知之。今之人，慕趣之名，求趣之似，于是有辨说书画，涉猎古董，以为清；寄意玄虚，脱迹尘纷，以为远。又其下，则有如苏州之烧香煮茶者。此等皆趣之皮毛，何关神情！夫趣得之自然者深，得之学问者浅。当其为童子也，不知有趣，然无往而非趣也。面无端容，目无定睛；口喃喃而欲语，足跳跃而不定；人生之至乐，真无逾于此时者。孟子所谓不失赤子，老子所谓能婴儿，盖指此也，趣之正等正觉最上乘也。山林之人，无拘无缚，得自在度日，故虽不求趣而趣近之。愚不肖之近趣也，以无品也。品愈卑，故所求愈下。或为酒肉，或然声伎；率心而行，无所忌惮，自以为绝望于世，故举世非笑之不顾也，此又一趣也。迨夫年渐长，官渐高，品渐大，有身如梏，有心如棘，毛孔骨节，俱为闻见知识所缚，入理愈深，然其去趣愈远矣。余友陈正甫，深于趣者也，故所述《会心集》若干人，趣居其多。不然，虽介若伯夷，高若严光，不录也。噫！孰谓有品如君，官如君，年之壮如君，而能知趣如此者哉！

这种宣言式的趣味论，也正式标明，中国知识分子从"言志"时代开始转向"言趣"时代。这是美学史上重大的关节，已不复有黄钟大吕式的雄壮，这是一种失落，但这也是一种获得，精致细美的审美情致成为当时的主流风尚，生活中的任何细节，都成为审美对象，进行审美的加工。情有情趣，心有机趣，庄有理趣，谐有谐趣。对生活的诗化，成为隐逸文化中十分旖旎的一章。

清·杨彭年、朱石梅制柿形壶
壶铭："范佳果，试槐火，不能七碗，兴来惟我，石梅制。"
上海唐云原藏

我们了解明清社会文人生活的情趣，对理解明式家具和紫砂壶有着重要的作用，这些文人的特殊爱好和功能需求，可以从这一时期的笔记、散文和小说及插图中得到印证，同时也可在这一时期书画家们的作品中得到展示。如明戴进所绘《太平乐事图》中文人学子看戏时用的桌、凳，明唐寅所绘《韩熙载夜宴图》、《桐荫品茶图》所描绘的家具、茶具，明仇英所绘《桐荫昼静图》中文人所用之书案和躺椅，清叶震初、方士庶所绘、厉鹗题记的《九日行庵文宴图》、清冷枚人物图和清姚文瀚绘山水楼台图所展现的桌椅、茶具等等，将这一时期文人的爱好和惬意之生活风貌全景式展开。明代大学者文徵明曾孙文震亨所著《香茗》一文云：

> 香、茗之用，其利最溥。物外高隐，坐语道德，可以清心悦神。初阳薄暝，兴味萧骚，可以畅怀舒啸。晴窗搨帖，挥麈闲吟，篝灯夜读，可以远辟睡魔。青衣红袖，密语谈私，可以助情热意。坐雨闭窗，饭余散步，可以遣寂除烦。醉筵醒客，夜雨蓬窗，长啸空楼，冰弦戛指，可以佐欢解渴。

由上可见文人风雅潇洒的生活和对焚香烹茶技艺之精到，真是趣味无穷，宛如神仙。另一位明代大家张岱在《闵老子茶》一文中将主人不顾千里之遥而求惠泉之水泡茶的奇效描写得惟妙惟肖、淋漓尽致：

……导至一室，明窗净几，荆溪壶，成宣窑磁瓯十余种，皆精绝。灯下视茶色，与磁瓯无别而香气逼人，余叫绝。余问汶水曰："此茶何产？"汶水曰："阆苑茶也。"余再啜之，曰："莫绐余，是阆苑制法而味不似。"汶水匿笑曰："客知是何产？"余再啜之，曰："何其似罗岕甚也？"汶水吐舌曰："奇！奇！"余曰："水何水？"曰："惠泉。"余又曰："莫绐余，惠泉走千里，水劳而圭角不动，何也？"汶水曰："不复敢隐。其取惠水，必淘井，静夜候新泉至，旋汲之。山石磊磊藉瓮底，舟非风则勿行，故水之生磊。即寻常惠水犹逊一头地，况他水耶！"又吐舌曰："奇，奇！"

明·铁力木厚板足条几
长191.5cm，宽50cm，高87cm
陈梦家原藏，王世襄《明式家具研究》

言未毕，汶水去。少顷，持一壶满斟余曰："客啜此。"余曰："香扑烈，味甚浑厚，此春茶耶？向瀹者的是秋采。"汶水大笑曰："予年七十，精赏鉴者，无客比。"遂定交。

文中谈到了"荆溪壶"、"惠泉水"都是茶艺之极品，可见古人对品茶的修养何其精深，对泉水的感觉何其细腻，对壶具的要求何其苛严。在当时，饮茶具有某种仪式的意义，是中国文人所追求的典雅生活的标志。明代的冯正卿，曾任湖州司里，清朝后，他隐居不仕，特别嗜茶，著有《岕茶笺》。在这本书里，他就饮茶的时间、地点、器具、茶伴、意境等，提出了著名的十三宜和七忌：

十三宜：一无事，二佳客，三幽坐，四吟咏，五挥翰，六徜徉，七睡起，八宿酲，九清供，十精舍，十一会心，十二赏鉴，十三文童。

七忌：一不如法，二恶具，三主客不韵，四冠裳苛礼，五荤肴杂陈，六忙冗，七壁间案头多恶趣。

明·鼓凳、托泥屏榻
草坪山人辑《集古名公画式》

以上，我们可以看到当时的文人对饮茶所代表的典雅生活的追求和对茶具精美的要求。无独有偶，在名人笔记中我们还能看到饮茶二十四时宜的说法。明代许次纾《茶疏·饮时》叙述了饮茶二十四宜的细目："心手闲适、披咏疲倦、意绪梦乱、听歌闻曲、歌罢曲终、杜门避事、鼓琴看画、夜深共语、明窗净几、洞房阿阁、宾主款狎、佳客小姬、访友初归、风日晴和、轻阴微雨、小桥画舫、茂林修竹、课花责鸟、荷亭避暑、小院焚香、酒阑人散、儿辈斋馆、清幽寺观、名泉怪石。"此外，许次纾特别强调了饮茶不宜用"恶水、敝器、铜匙、铜铫、木桶、柴薪、麸炭、粗童、恶婢、不洁巾帨、各色果实香药"，同样对饮茶的器具提出了要求。因此，对典雅生活的追求，使得文人与紫砂壶的关系十分密切，这为文人墨客参与紫砂壶的设计、制作提供了条件，而文人独到的审美情趣和追求也在其中尽显。

《阳羡紫砂图考》引《萝窗小牍》记载，丹阳人黄玉麟"道光间诸生，居苏州，善做宜兴茶壶，选土配色，并得古法"，曾应清著名金石学家吴大澂之邀在苏州十梓街吴宅专做紫砂壶。明代周高起，博闻强识，工古文辞，精于鉴赏，嗜茗饮、好壶艺，他有一段关于茶和壶的名言："壶供真茶，正在新泉活火，旋瀹旋啜，以尽色、声、香、味之蕴。故壶宜小不宜大、宜浅不宜深；壶盖宜盎不宜砥，汤力茗香，俾得团结氤氲。"不仅如此，他还说明把玩紫砂壶的心得："壶经用久，涤拭日加，自发黯然之光，入手可鉴，此为书房雅供。"一语道出文人雅士们喜欢把玩紫砂壶的原因，即泡茶品茗之外还可把玩观赏，雅趣无穷，以致到了癖恋名壶成痴迷的境地。

周高起有一诗《供春大彬诸名壶，价高不易办，予但别其真，而旁搜残缺于好事家，用自怡悦，诗以解嘲》，诗云："阳羡名壶集，周郎不弃瑕。尚陶延古意，排闷仰真茶。燕市曾酬骏，齐师亦载车。也知无用用，携对欲残花。"明代大书画家徐渭一首《某伯子惠虎丘茗谢之》云："虎丘春茗妙烘蒸，七碗何愁不上升。青箬旧封题谷雨，紫砂新罐买宜兴。"将文人的艺术情趣追求和对生活积极的审视，通过日常用具及器皿融和体现，这是一种健康向上的并折射着艺术、文化光芒的生活情趣，绵延至今仍有其生命力。

亚明老先生生前曾为笔者书写书斋名"味绿居"，因谈起"绿"字含义而说起茶，便大讲唐云如何嗜好茶壶，如何喜欢把弄曼生壶，几次不顾年事已高往返其家中观看曼生壶一事。有一年笔者在上海朱屺瞻纪念馆观看唐云先生纪念展，还特地在他收藏的曼生壶前细细品鉴，确实不同凡响，真正美妙绝伦，难怪唐云老先生嗜壶如痴如醉。亚明先生为唐先生痴情所动，把自己收藏的唯一一把曼生壶送给唐老，以成人之美，这样的君子风范，让笔者深感敬佩。这使我想起周高起在谈到时大彬的壶艺时的一句话，"几案有一具，生人闲远之思。"时至今日，虽做壶的大有人在，但要真正达到"几案有一具，生人闲远之思"的能有几何？李渔曾云："茗注莫妙于砂壶，砂壶之精者，又莫过于阳羡，是人而知之矣。"紫砂壶不同于其他艺术品，不仅在观赏其美，还在于握之舒适、出水流畅；不仅在泡茶解渴，还在于清心悦神，遣寂除烦。真正达到美好的形象结构、精湛的制作工艺和良好的实用功能的统一。一把好壶历来为人一生的追求，明清以来多少文人雅士为此折腰，为此倾心，为此陶醉。

文人雅士喜茶壶是如此，对于家具的形制、木料、工艺，也完全从其特殊的爱好和功能出发真情投入。

李渔对其设计制作的"暖椅式"的举例说明最能反映明清文人的生活情状。何谓"暖椅"？让我们走进李渔的《闲情偶寄·器玩部·十八图暖椅式》去了解明代文人士大夫生活对椅子的追求吧：

> 如太师椅而稍宽，彼止取容臀，而此则周身全纳故也。如睡翁椅而稍直，彼止利于睡，而此则坐卧咸宜，坐多而卧少也。前后置门，两旁实镶以板，臀下足下俱用栅。用栅者，透火气也；用板者，使暖气纤毫不泄也；前后置门者，前进人而后进火也。然欲省事，则后门可以不设，进人之处亦可以进火。此椅之妙，全在安抽替于脚栅之下。只此一物，御尽奇寒，使五官四肢均受其利而弗觉。另置扶手匣一具，其前后尺寸，倍于轿内所用者。入门坐定，置此匣于前，以代几案。倍于轿内用者，欲置笔砚及书本故也。抽替以板为之，底嵌薄砖，四围镶铜。所贮之灰，务求极细，如炉内烧香所用者。置炭其中，上以灰覆，则火气不烈，而满座皆温，是隆冬时别一世界。况又为费极廉，自朝抵暮，止用小炭四块，晓用二块至午，午换二块至晚。此四炭者，秤之不满四两，而一日之内，可享室暖无冬之福，此其利于身者也。若至利于身而无益于事，仍是宴安之具，此则不然。扶手用板，镂去掌大一片，以极薄端砚补之，胶以生漆，不同而知火气上蒸，砚石常暖，永无呵冻之劳，此又利

于事者也。不宁惟是，炭上加灰，灰上置香，坐斯椅也，扑鼻而来者，只觉芬芳竟日，是椅也，而又可以代炉。炉之为香也散，此之为香也聚，由是观之，不止代炉，而且差胜于炉矣。有人斯有体，有体斯有衣，焚此香也，自下而升者能使氤氲透骨，是椅也而又可代熏笼。熏笼之受衣也，止能数件；此物之受衣也，遂及通身。迹是论之，非止代一熏笼，且代数熏笼矣。倦而思眠，倚枕可以暂息，是一有座之床。饥而就食，凭几可以加餐，是一无足之案。游山访友，何烦另觅肩舆，只须加以柱杠，覆以衣顶，则冲寒冒雪，体有余温，子猷之舟可弃也，浩然之驴可废也，又是一可坐可眠之轿。日将暮矣，尽纳枕簟于其中，不须臾而被窝尽热；晓欲起也，先置衣履于其内，未转睫而襦袴皆温。是身也，事也，床也，案也，轿也，炉也，熏笼也，定省晨昏之孝子也，送暖偎寒之贤妇也，总以一物焉代之。仓颉造字而天雨粟，鬼夜哭，以造化灵秘之

清·高凤翰清供图
纵24cm，横29.5cm
上海博物馆藏
高凤翰是较早绘茶壶类小品的画家

气泄尽而无遗也。此制一出，得无重犯斯忌，而重杞人之忧乎？

　　此李渔"暖椅式"之篇，可见明代文人生活之惬意浪漫。李渔在《闲情偶寄》中谈到房屋、窗户、家具时又云："盖居室之制贵精不贵丽，贵新奇大雅不贵纤巧烂漫"；"窗栏之制，日新月异，皆从成法中变出"；"予往往自制窗栏之格，口授工匠使为之，以为极新极异矣。"至于桌椅的桌撒这样的小物件，他指出"此物不用钱买，但于匠作挥斥之际，主人费启口之劳，童仆用举手之力，即可取之无穷，用之不竭"。他强调"宜简不宜繁，宜自然不宜雕斫。凡事物之理，简斯可继，繁则难久，顺其性者必坚……"可见当时文人对家具的要求，完全为其生活习性和审美心态所决定。他们对于家具风格形制的追求主要体现在"素简"、"古朴"和"精致"上。如文震亨在《长物志》中谈及方桌时说"须取极方大古朴，列坐可十数人，以供展玩书画"；论及几榻时又说"古人制几榻虽长短广狭不齐，置之斋室，必古雅可爱……"；论及书橱时强调"藏书橱须可容万卷，愈阔愈古"，"小橱……以置古铜玉小器为宜"。明戏曲家高濂《遵生八笺》中设计的欹床，"上置椅圈靠背如镜架，后有撑放活动，以适高低。如醉卧、偃仰观书并花下卧赏俱妙"。二宜床则"床内后柱上钉铜钩二，用挂壁瓶，四时插花，人作花伴，清芬满床，卧之神爽意快"。欹床高低可调，二宜床冬夏可用，构思巧妙，既能读书休息又能品赏鲜花意趣无穷。将文人悠然自得、神爽意快之神态反映得如此生动。我们不得不承认，明清两代的一些文人，从豁达的人生态度出发，在

明·仇英《人物故事图册》
之竹院品古图（局部）
故宫博物院藏

器具的实用功能和审美标准方面，达到了与自然和谐融合的高度统一。

透过明清文人的生活与家具、紫砂壶的关系，我们可以看到那个时代繁华的江南都市生活，发达的手工业和众多的名匠艺人的产生，悠久的人文历史、深厚的文化底蕴和尚美的艺术氛围等诸多社会、自然和人文方面的因素，这是明清时期江南独特的一道风景线。我们考察明式家具、紫砂壶的产生，我们追寻明清文人钟情于斯的文化、社会和人文内涵，我们去研究它，触摸它，感受它，就像慢慢地呷上一口碧螺春茶一样，低头品味，完全不同于今人伸长脖子仰头痛饮"可口可乐"。不一样的文化，不一般的感受。关于明清时期江南都市生活与文化人之品鉴，历来众说纷纭，有说"昆曲、黄酒、园林"，有说"评弹、绿茶、园林"，有说"状元、戏子、小夫人"……不要管怎么说，所有这些，都离不开茶具、椅子、几案的演义。掩卷遐思，让我们在濛濛细雨中走过江南小镇，在长长巷子的青石板上，隔着长满青苔的粉墙黛瓦，聆听从墙头翠绿的老树嫩叶间的格子窗里，传出一两声评弹的叮咚弦索声，让我们躺坐在李渔的"暖椅式"上，手捧紫砂壶，呷一口惠山泉水泡制的碧螺春，仰头聆听。"点点不离杨柳外，声声只在芭蕉里"，"小楼一夜听春雨，深巷明朝卖杏花"，蓦地，我想起了几句旧诗。这是怎样的一番图景，又是何等的别有洞天的意境啊。江南钟灵毓秀、人文荟萃，唐宋以降，元代倪云林，明代文徵明、唐寅、李渔，到清代翁同龢、吴大澂，近代俞曲园、张大千、吴湖帆……说不尽的文人骚客，说不尽的江南才子佳人的生活，说不尽的明式家具和紫砂壶的魅力。

清·杨彭年制石瓢壶及铭文拓本
高6.6cm，宽6.5cm
壶身铭："子冶藏板桥画，盖仿梅花
盦者，一纵一横，颇有逸情。冬心先
生余藏其画竹研，研背有竹一枝，即
取其意。板桥有此，仿梅道人，子
冶"壶盖铭："子冶画壶"
上海博物馆藏

　　综上所述，我们不难看出，文人由于自身修养和
爱好，对于家具、紫砂壶的品种、形制、功用的研究、
设计、制作和追求，确实反映了文人的特有气质，浸
润着文人典雅的生活情趣，散发出文人潇洒清秀的书
卷气息。

以文入器

——泥与木构筑的才情别院

明清以来，制作紫砂壶、明式家具的工匠大师受历代文人儒雅之风的熏陶，而以文入壶入器，以文载道，创作出一批为文人雅士们所至爱的精品、神品，同时又造就出了一群被文人们尊奉为擅空群目的艺术高手。与此同时，文人也积极投身于紫砂壶和家具的设计制作，而这些作品的品评与审美追求又常常以文人雅士的评判标准为基础。工匠大师们浸润文化，文人雅士们亲力亲为，两者相融，相得益彰，使中国的家具制作和紫砂壶艺达到空前的艺术高度，升华到崭新的审美境界。一种自古而来的返璞趋素的审美理念和艺术价值观逐渐成为全民族的审美追求和艺术风格。

在明式家具和紫砂壶上体现出的这种雅俗同流的文化现象，在明代晚期并不孤立，它是整个文化生态的一个具体的反映。对于这种文化生态，必然要提到当时的才子文化。

假如要用一句话概括中国知识分子的精神风貌，那就是魏晋风骨、唐宋风尚、明清风流。这个风流，并不是简单意义上的风情、风雅、风致、风貌，而是集大成式的贯通古今、出入雅俗、弥缝朝俚、周旋庄谐的一种精神创造。尽管这种风流，不再有当年路漫漫其修远兮的悲壮、大江东去浪淘尽的雄浑，不复见门前流水尚复西的乐观、醉里挑灯看剑的悲凉，但是这个时代的风流却创造了中国文化史上独特的人格形象：才子。这个形象或许有些瘦弱，在庭院深深处的芭蕉树下独自沉吟，昨夜的笙歌，犹有一些余音散韵缭绕，他的内心却沉浸在一个前无古人的精微细致的境界中。

周晖《金陵琐事》卷一记载李贽"好为奇论"，称汉以来"宇宙间有五大部文章"，汉有《史记》、唐有杜甫集、宋有苏东坡集、元有施耐庵《水浒传》、明有在当时享有盛名的"前七子"之首的李梦阳集。这种"奇论"奇在哪里？表面上看是突破了典雅的范围，在典籍中加入了通俗文学《水浒传》，但在深层，是人格精神的一次提升。在近千年的典雅文化的熏陶下，李卓吾将《水浒传》与《史记》、杜甫集等并称，演唱了人生的"摇滚乐"，这种带有嬉笑色彩的背叛，是当时很普遍的奇谈怪论。这种嬉笑风格的文学观，在金圣叹那里就有了"六才子书"，把《离骚》、《庄子》、《史记》、《杜诗》与《水浒》、《西厢记》相提并论，更为甚者，他认为《水浒》可媲美《论语》，《西厢》可取代"四书"而作为童蒙课本，进而让俗文化取代了典雅文化所具有的庄严色彩。在袁宏道的言论中，同样把《水浒传》置之六经之上，甚至把《金瓶梅》称之为"逸典"，与古代典籍相提并论。这种颠覆性的观点，简单地理解，是打破了雅俗的界限，但在内心深处，表现了当时知识分子追求的一种理想人格。

袁宏道在《与徐汉明书》中提到这样一种人：

独有适世一种其人，其人甚奇，然亦甚可恨。以为禅也，戒行不足。以为儒，口不道尧舜周孔之学，身不行羞恶辞让之事。于业不擅一能，于世不堪一务，最天下不紧要人，虽于世无所忤违，而圣人君子则斥之惟恐不远矣。弟最喜此一种人，以为自适之极，心窃慕之。

这种奇特的精神人格，既贯通儒释道，又不在藩篱中，成为一种极其特别的人格形象。金圣叹曾有"岂不快哉"的妙论，和袁宏道的趣味论同出一辙。这就是明代晚年的"才子"形象。

金圣叹也是当时才子的代表，关于他的名字的来源，《管锥编》中提到是来自赵时揖《第四才子书·评选杜诗总识》："余问邵悟非（讳然），先生之称'圣叹'何义？曰：'先生云，《论语》有两喟然叹曰，在颜渊则为叹圣，在与点则为圣叹。此先生自以为狂也。'"孔子对曾点的人生理想十分赞叹，这人生理想是什么？无非就是暮春三月，游春沐浴，生机盎然。从这里可以看出，才子们并没有做孔子的叛徒，他们在传统学问中找到了"自适""适情"的人生态度，在奇、畸、狂、放的人生言论和行为中，表达生命和安妥自己的心灵。

不能否认，在明代中晚期，总体上知识分子的心态是伤感的，这份伤感是来自于生命的又一次自觉。李泽厚先生认为在魏晋时期人的生命的自觉，实现了文学的自觉。其实，在中国文学史的发展中，生命的感觉是永恒的话题，对生命短暂的感喟和对世俗功业的冷漠，最后在明代中晚期出现了一个高峰，又一次的生命觉醒带有享乐主义色彩，伤感却不绝望，热情而又冷静，构成了当时才子文化的社会精神生态系统。这些才子们寄情于艺术，并且把人生艺术化，用才华慰藉心灵，寻找共鸣，抗拒死亡，享受生命。他们不再以所谓的古穆典雅作为标准，而是以"适情"出入雅俗，创造出了才子式的典雅。他们既能诗书立世，又能游戏人生，在艺术化的生命里找到了出世与入世之间一个绝好的平衡点。

金圣叹在《水浒传》第十三回的评点中，认为"一部书一百八人，声施灿然，而为头是晁盖，先说做下一梦。嗟乎！可以悟矣。夫罗列此一部书一百八人之事迹，岂不有哭、有笑、有赞、有骂、有让、有夺、有成、有败、有俯首受辱、有提刀报仇，然而为头先说是梦，则知无一而非梦也。大地梦国，古今梦影，荣辱梦事，众生梦魂，岂惟一部书一百八人而已，尽大千世界无不同在一局，求其先觉者，自大雄氏以外无闻矣"。这种人生如梦的叙述，强调了金圣叹提出的文学观："我亦于无法作消遣中，随意自作消遣而已矣。"（《第六才子书西厢记·序》）他觉得，世事如白云苍狗，生命如夏花晨露，水逝云卷，风驰电掣，短暂生命总得有各种消遣法，以遣有涯的人生，种田耕读是一种消遣法，隐逸山林是一种消遣法，庙堂得意也是一种消遣法，雕虫小技当然更是一种消遣人生的法门。

在金圣叹的理解中，所谓文学艺术是"经国之大业，不朽之盛事"，无疑是欺世之论，但作为生命的印记留赠后人，"不可以无所赠之"。这种强烈的生命感受和对自身个体的高度关注，使得金圣叹这样的才子不会遁入空门，恰恰相反，他们对生活的热爱表现得格外强烈，甚至在生活的细微处，也表现出那种生活的情趣和生命的热度："冬夜饮酒，转复寒甚，推窗试看，雪大如手，已积三四寸矣。不亦快哉！　夏日于朱红盘中，自拔快刀，切绿沉西瓜。不亦快哉！"（《不亦快哉》）这种对生活中细节的关注和品鉴，充满了哲思和情趣，成为当时才子文化的一个鲜明特征。

这个特征表现在生活的艺术化和艺术的生活化过程中，中国的传统艺术，如诗词、书画、文玩、园林、戏曲被有机地统一到一起，他们并不是单纯的一种独立的艺术样式，而是消遣生命滋养心灵的一种方式，在这个过程中，例如唐寅、文徵明等创造了书画艺术的高峰，但从更广阔的背景上看，这只是生活艺术的一部分而已，它并不是孤立的一种艺术创造。

才子文化是一个外延很难周全的概念。在明代中期，出现过江南四大才子的说法，他们无一不是才华超群，书画绝伦。但四大才子更出名的，是唐伯虎点秋香这样的穿凿附会的传说。与此同时，在文学创作领域，也出

明·《千金记》插图《夜宴》
仇英绘图
明万历金陵书肆陈氏继志斋刊本

现了才子佳人小说。我们认为，才子文化其实是一种人格文化，是表现生命理想、兼容书画艺术的文化样式。才子文化具有很强的二元化特征，它既有强烈的精英文化气息，但同时又有强烈的世俗性特点，精英见其超拔，世俗见其华美，但在脱俗与世俗的互动中，形成了"才子"的一段风光旖旎的文化风景。

正是在这样的才子文化的背景下，明式家具、紫砂壶成为一种载体，进入文人世界，表现文人们的内心世界，消遣他们的人生情怀。文人参与明式家具、紫砂壶的设计制作，不仅有其审美方面的理念，而且就用材、尺寸、形制等方面也提出了不少独特的见解，满足文人茶余饭后的消遣与诗、书、琴、画等雅事的实际需要。同时在设计制作中，文人又发挥自己诗、书、画的特长，与家具、紫砂壶相结合，在家具和茶壶上题诗、作画、钤印，使之更具艺术气息、文化内涵、诗画意境，当然也更具有艺术价值。

清乾嘉时期西泠八家之一，集文学、书画、篆刻于一身的陈鸿寿（号曼生），虽不是制壶艺人，但他却是一位非凡的紫砂壶艺的设计大师。他与杨彭年、杨宝年、杨凤年等杨家三兄妹联手制作"曼生壶"名扬天下，其特点就是以书画印入壶，开一代制壶新风。据《阳羡砂壶图考》记载，"曼生壶"不下几千件，虽后人难以一一求证，但陈曼生确实设计过不少款式。他在出任溧阳县官期间曾手绘十八壶式，由杨家三兄妹制作。陈曼生不仅自己设计紫砂壶，爱好紫砂壶，还以壶艺结交周围的一批文人，并以此影响了一批紫砂壶制作的匠人高手。这种文人与匠师的结合，紫砂壶的制作与诗、书、画、印的结合，形成了中国紫砂壶制作的新风尚、新景观。

如陈曼生在溧阳做官时受溧阳报恩寺古井栏的启发，亲手为杨彭年设计一款紫砂扁壶，同时将古井栏上的唐元和六年石井栏记内容写在紫砂壶上并由杨彭年刻制。这件扁壶坯体细密坚致，表面微现细橘皮纹，壶身扁圆，嘴短而圆小，壶柄环形极易把握。壶口似井沿，肩上口沿缀矮颈一周，镶接处磨工精细，浑然天成。壶身刻"井栏记"文字二十三行。与现存在溧阳文物管理委员会的报恩寺井栏石刻文字内容大体相同。壶身所刻文字为："维唐元和六年，岁次辛卯。五月甲午朔，十五日戊申。沙门澄观为零陵寺造常住石井阑并石盆，永充供养。大匠储卿、郭通。以偈赞曰：'此是南山石，将来作井阑。留传千万代，各结佛家缘。尽意修功德，应无朽坏年。同霑胜福者，超于弥勒前。'曼生抚零陵寺唐井文字，为寄沤清玩。""清玩"者赵锦，钱塘人，工山水，是西泠八家之一奚冈的弟子。曼生所书古朴清秀，彭年制壶精工雅致。此壶集书法、散文、壶艺于一体，是彭年的制壶艺术与曼生的书法艺术的最佳结合。其浑然天成、气韵流畅、古朴典雅，是一件难得的艺术珍品。

又如《宜兴陶艺》一书中记载清黄玉麟所制的一把方斗壶，其形制方正、端平、庄重，壶上所刻是海上画派代表人物陆恢摹仿扬州八怪之一的黄慎的画，壶壁上刻画了一位坐着的老人，地上置放拐杖和一筐茶叶，茶壶和这幅"采茶图"相得益彰，生动有趣。

这种艺术创作之佳风，明清期间由文人层掀波澜，常有异峰突起，相搏相拥，云霞灿烂。由此延绵至近代、现代，实为开了历代之先河，又煌煌显其独标。如近代壶艺大师顾景舟，也是制壶高手，他有着相当厚实的古典文学和书画艺术的修养，并常与海上著名画家江寒汀、吴湖帆、来楚生、谢稚柳等人交流、切磋、合作。顾景舟有一把石瓢壶，造型虽出于传统，但线条流畅舒展、比例谐调秀美、形制简朴大方。壶身一面刻有吴湖帆画竹，潇洒疏落；另一面铭文也是吴湖帆所书"无客尽日静，有风终夜凉"句，字体隽秀，字、画、壶三绝，天下无双。二十世纪八十年代中后期，我随顾景舟老友、著名红学家、书画家冯其庸先生数度到宜兴紫砂厂与大师们切磋壶艺，并为周桂珍等大师制作的紫砂壶书写诗文，与他们探讨壶艺。特别是周桂珍用菊黄色砂泥制作的一把曼生提梁壶，通高三十二厘米，做工精致，造型敦厚大气，壶身铭文由冯其庸先生书写行书，飘逸流畅，清秀潇洒，书法与壶艺相得益彰、精彩绝伦，成为书法艺术大师和紫砂工艺大师合作之典范。

作为南方的画家文人，在紫砂壶上留下书画作品，成为一种风气。在二十世纪上半叶，这个风气成为整个书画界的一种风尚，齐白石、张大千、黄宾虹等人都曾经在精品紫砂古壶壶面上留下了隽美精雅的书画作品。根据朱家声先生的考证，殷瑗庐所珍藏的陈立夫先生旧藏的精品紫砂壶当中，有几件在壶面上雕刻着署有张大千名款的书画作品，它们不但以精美的绘画、简练的诗文、浑厚的书法、雅致的雕刻赋予紫砂壶一个全然新奇的生命，而且更为张大千个人的创作精神做了最完美的诠释。这些镌刻在裴石民制作的紫砂壶壶面上的书画作品，典型地体现了张大千在二十世纪三十年代时期的书法风格。张大千在三十至四十岁之间，多学曾熙书风，字势由前期之斜向右下，渐渐地转变为往右上倾斜，运笔也摆脱了篆笔的匀整，而加以轻重起伏和使转变化。张大千在这个时期的行笔，提顿处较曾熙更加明显。行书原本是重视自然流畅之美，但张氏加以提顿之后，笔画有了微妙的变化。从线条的运动上来说，即是"行而复止，止而复行"，笔毫不再是平铺直通到底，而是一笔之间，提顿多如三折。这种书法风格的形成，应该是自乾隆、嘉庆以来，中国书学注重金石影响的结果。这些吉金碑版历经风霜，笔画磨触斑驳，并非原有的横平竖直，反而散发出一种相当抽象的古意。张大千书法的行笔，早期不如晚期自然流畅，就是因为张氏在三十年代左右太讲求"提顿"的效果所致。而这"提顿"二字，也就成了张大千在这个时期的书法风格的另一特征，这个特征在殷瑗庐所珍藏的张大千铭款中尤为明显。经过镌刻之后，带有金石趣味的书法作品，更是可以呈现出当时张氏书法的那一股颖秀之气。张大千的书法要在四十岁（1939）以后，才能融合李瑞清、曾熙、黄庭坚于一炉，渐渐地写出独树一帜的"大千书体"。

我们若将紫砂壶面上的字迹和"大千书体"相互比对，立即可以看出二者之间存在着明显的差异，这为研究张大千的书画艺术提供了一个新的样板，同时，这几柄泥料精醇、造型独特、曲线优美、稳重浑厚、恬静典雅的紫砂壶，也为我们研究紫砂艺术中书画兼容的艺术特点提供了新的材料。

唐·溧阳报恩寺井栏
高54cm，口径118cm
溧阳县文物管理委员会藏

　　紫砂壶和明式家具上出现的兼容书画的特点，是中国铭文文化发展的一个新的阶段。中国的铭文文化出现是非常早的，在中国文化早期的石鼓、青铜鼎上就早已出现，这种铭文具有记录和叙事功能，这些早期铭文既是史学重要的史料，也是艺术史上的杰作。文字研究家们称之为"金文"、"钟鼎文"。　过去，尤其是清代末期的考据家们对于青铜器的断代多依据于铭文，不少的收藏家们也偏爱铭文。一九四九年前故宫博物院对于青铜器的收藏就偏重于铭文，虽然有失偏颇，但铭文也确实价值不低，内涵深远。

　　铭文文化在中国文化史上具有十分重要的地位，自青铜器之后，汉晋砖石铭文、魏晋造像铭文、唐宋瓷器铭文都是铭文文化的延续。在明清两代，铭文文化从叙事记录功能转向了抒情言志的功能，这集中体现在与文人有密切联系的文房器具上，例如砚铭、紫砂壶壶铭以及竹木文玩的铭文，这些铭文具有极高的艺术价值，反

清·陈曼生铭杨彭年制井栏壶及铭文拓本
高8.9cm，口径9.9cm
壶身铭："维唐元和六年，岁次辛卯，五月甲午朔十五日戊申。沙门澄观为零陵寺造前住石井阑并石盆，永充供养。大匠储卿、郭通。以偈赞曰：'此是南山石，将来作井阑。留传千万代，各结佛家缘。尽意修功德，应无朽坏年。同霑胜福者，超于弥勒前。'曼生抚零陵寺唐井文字，为寄沤清玩。"
壶底印："阿曼陀室"
壶把印："彭年"
南京博物院藏

（左）现代·吴湖帆绘顾
景舟制大石瓢壶
高8.6cm，口径8cm
底印：顾景舟
《紫砂泰斗顾景舟》录

（右）清·陈曼生铭杨彭年
制箬笠壶
壶高7.8cm，口径3.2cm
铭文："笠荫暍，茶去渴，
是二是一，我佛无说。"
亚明原藏，后赠与唐云

映主人高远的志趣和心怀。在中国文人心中，对文字具有某种崇拜，在中国艺术品上，凡有文字的，都会受到格外的重视。即使是绘画作品，如有长跋或后人题跋，都弥足珍贵。这在西方绘画史上从来没有出现过。明式家具和紫砂壶拥有铭文后，就显得非常珍贵。这种铭文文化，是中国艺术史上的一枝奇葩。

这种书画兼容的风气一直延续到现在。在当代书画大师中，唐云和紫砂壶的渊源最深。他一生共收藏八把曼生壶，他的画室就取名为"八壶精舍"。这八把壶，都有铭文，分别为：

"试阳美茶，煮合江水，坡仙之徒，皆大欢喜"；

"八饼头纲，为鸾为凰，得雌者昌"；

"有扁斯石，砭我之渴"；

"不肥而坚，是以永年"；

"饮之吉，瓟瓜无匹"；

"煮白石，泛绿云，一瓢细酌邀桐君"；

"笠荫暍，茶去渴，是二是一，我佛无说"；

"汲井匪深，掣瓶匪小，式饮庶几，永以为好"。

这些紫砂壶的铭文都充满了诗意和禅意，同时，唐云得到这八把茶壶也与文人群体有着关系。他的第一把壶是他朋友陈伏庐的，第二把壶是上海著名收藏家胡佐庆的，第三把壶是收藏家宣古愚让给他的，第四把壶是向著名画家周怀民借了钱在什刹海买的，第五把壶是大风堂弟子胡若思自作主张替唐云买的，第六把壶是他和朋友、书画爱好者魏仰之一起逛地摊买的；第七把壶是金陵八大家亚明送的，第八把壶是在改革开放后，在文物公司买的。从前七把壶的来历看，我们可以发现紫砂壶和当时书画界密切的程度。唐云还直接参与了紫砂壶的创作。他和许四海的合作，开始了作为紫砂壶设计师的生涯，他为许四海设计了二十五款紫砂壶式样，比"曼生十八式"还多，称之为"云海壶"。为了设计新颖的样式，唐云费尽心机，他见到法门寺出土文物——唐代碾茶的铜碾，就设计了"铜碾壶"，并刻铭文"玉川七碗何须尔，铜碾声中睡意无"；他设计的"井栏壶"，在壶上画了小鸡在啄长生果，并题铭"吃茶知长生"；他的"掇球壶"，题铭"四大皆空，坐片刻无分你我；两头是路，吃一碗各奔东西"。唐云先后和许四海合作了两百多把紫砂壶，成为艺坛的佳话。这段故事在郑重的《唐云传》中有着完整的记录。

其实，唐云是当代典型的才子文化的代表人物之一，他身上所表现出的那份中国传统知识分子的气息，也就是所说的名士气是十分浓郁的。他自号为老药，嗜黄酒，快意翰墨是怎么也说不完的话题。仅从他和曼生壶的情缘上来看，我们就能了解中国才子文化的生生不息和移步换形。

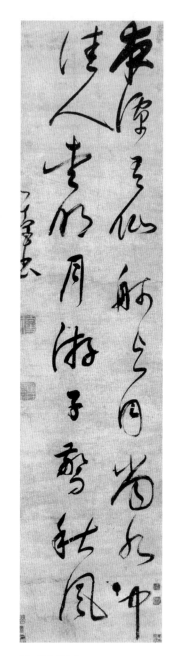

明·董其昌草书
152×36.5cm
南京博物院藏

说到文人与工艺师的合作，二〇〇五年五月创刊的《宜兴紫砂》（属《江苏陶艺》增刊）编委会主任史俊棠《紫泥丹青一片情》一文介绍，经上海美术馆沈智毅牵线搭桥，上海著名书画家朱屺瞻、关良、张大壮、陆俨少、唐云、谢稚柳、程十发、陈佩秋、刘旦宅等先后与宜兴制壶工艺师合作，切情、切意、切壶，书画壶佳作精彩纷呈，这段佳话生动而充分地反映了文人与紫砂壶的渊源关系。

　　为了更深入地体会这一合作的情趣，我与徐秀棠、周桂珍、谭泉海等大师认识已久，深深为他们高超的壶艺所敬佩。闲暇假日，便去宜兴紫砂工场观摩，与老一辈制壶大家葛岳纯等一起探讨壶艺。兴致所至时，还在其壶、盘、筒等紫砂泥坯上绘画题字，并刻之。烧成后，还确有几件值得品赏。我虽略懂笔墨，但在紫砂上动刀刻画，却是另有一番感受，其金石味特别有趣，难怪历代文人墨客为此折腰。

　　如果说历代文人雅士在紫砂器上题字作画屡见不鲜，而在家具上题诗作画钤印者确是不多见。其实明朝以降，也有不少文人墨客利用木料和石料中仿若山水、花鸟的

清·陈曼生铭杨彭年制井栏壶及铭文拓本
高7.5cm，宽13.8cm
壶身铭：汲井匪深，挈瓶匪小，式饮庶几，永以为好
上海唐云原藏

天然纹理，获得笔墨的效果和趣味。《长物志》云：大理石"天成山水云烟，如米家山，此为无上佳品"。明代的谷应泰《博物要览》云紫檀"有蟹爪纹"，花梨木"花纹成山水人物鸟兽"，瘿木"木理多节，缩蹙成山水、人物、鸟兽、花木之纹"。与此同时，他们也在钟爱的几案、座椅上题字铭文。《清仪阁杂咏》（清·张廷济著）记载："周公瑕坐具，紫檀木，通高三尺二寸，纵一尺三寸，横一尺五寸八分。倚板镌：'无事此静坐，一日如两日，若活七十年，便是百四十。'戊辰冬日周天球书。"这四句是一首绝妙的椅铭，足为古代文人称道。现藏于故宫博物院的明代弘治年间状元康海的故物，是一件可躺可倚的树根家具，因赵宦光题"流云"二字得名，也称之为"流云槎"。此物原藏于扬州康山草堂，董其昌、陈继儒也各有铭文。董其昌题曰："散木无文章，直木忌先伐。连蜷而离奇，仙槎与禅筏。"陈继儒题曰："搜土骨，剔松皮。九苞九地，藏将翱将。翔书云乡，瑞星化木告吉祥。"此物可说是集明代大儒题文于一具，因此而声名鹊起，身价不凡。南京博物院藏有苏州老药店雷允上主人家中的黄花梨夹头榫画案，其足上部刻有"材美而坚，工朴而妍，假尔为凭，逸我百年。万历乙未元月充庵叟识"。字体为篆书，古朴典雅。

上海博物馆明清家具馆收藏的宋牧仲紫檀大画案，其案牙上有刻题识曰："昔张叔未藏有项墨林棐几、周公瑕紫檀坐具，制铭赋诗锲其上，备载《清仪阁集》中。此画案得之商丘宋氏，盖西陂旧物也。曩哲留遗，精雅完好，与墨林棐几、公瑕坐具并堪珍重。摩挲拂拭，私幸于吾有夙缘。用题数语，以志景仰。丁未秋日西园嬾俪识。"此案原为大收藏家王世襄所藏，后为港人收购而

清·陈曼生铭杨彭年制
笠荫壶铭文及印章拓本
铭文：笠阴喝，茶去渴，
是二是一，我佛无说。
亚明原藏，后赠与唐云

捐赠上海博物馆。每到上海博物馆参观，我总要去观看此案，的确不同凡响。案为插肩式结构，约两张八仙桌大小，云纹牙头，元素简约，用材重硕，为明代重器，国之瑰宝。可见家具为历代文人所器重，如又有文人墨客题识钤印、行文作诗铭刻其上那更是宝贝了，书画墨宝与名椅宝座相结合，使家具更有艺术性、观赏性，也更具有收藏价值。

文人寓书画于紫砂壶、明式家具之中，同时也在书画创作中展示其对家具、紫砂壶形制和品种的精通，有的甚至在图画中对家具进行再创造。明唐寅临摹本《韩熙载夜宴图》，原画是五代画家顾闳中奉南唐后主之命，夜至韩府窥其豪华夜宴情景后之作。唐寅的摹本对原作某些段落作了较大改动，其中最典型的就是唐寅在再创作中充分展示了对家具设计摹画的才能。全幅画卷共增绘家具二十多件，种类有桌、案、凳、屏等，实际上是明式家具和室内陈设的集中展示。文徵明一幅《品茶图》将几案、矮凳、茶壶描绘得惟妙惟肖。陈洪绶《高贤读书图》中石案上的一把茶壶可爱动人。除此之外，在明清小说、戏剧等插图中也表现了文人对家具、茶具的创作才能。如《古今小说》四十卷插图（明冯梦龙编、刘素明刻，天启年间刊金陵本）、《醒世恒言》四十回插图（明冯梦龙撰，天启七年金阊叶敬溪版）、《二刻拍案惊奇》三十九卷插图（明崇祯年间尚友堂刻本）、《邯郸记》二卷三十出插图（明汤显祖撰，柳浪馆批评，明末苏杭版）、《还魂记》二卷五十五出插图（汤显祖撰，万历四十五年七峰草堂版）等都展示了各类家具和各色茶壶，其描绘之生动确实使人眼花缭乱。

可见，明清以来家具、紫砂壶之所以为众多人文艺术家、收藏家、鉴赏家所青睐，皆因其上乘的品质往往是家具、紫砂壶的制作大师和书画艺术大家共同切磋、设计、创作的结晶，是文人墨客追求古人典雅风范的珍品。每一件艺术杰作中都渗透着古朴典雅的文人气质，潇洒自在的儒雅神韵，清丽隽永的书卷气息。它们是工艺品，更是艺术神品，是书画兼容、文人艺术创作的和谐完美展现。

而我们从明式家具、紫砂壶的纹饰、雕刻图案中也可以看到明清文人以及传统文化和传统艺术对家具、紫砂艺术的深刻影响。

纹饰是家具的重要组成部分，也是工匠艺人和艺术家展示才华的主要手段之一。明式家具的纹样风格繁简共容、线条流畅、极富生气。明代家具的雕刻题材相当广泛，有夔纹、螭纹、凤纹、云纹、龙纹、卷草纹、灵芝纹、牡丹纹、古玉纹、青铜纹和几何纹等等。但吉祥纹占了相当大的比例。明式家具的纹饰处理十分讲究，在注意整体协调的前提下，不求其多，而在于精，在于简，起到画龙点睛的作用。明式家具的纹饰雕刻大多灵巧透亮、流畅圆润、古朴别致。一把明式圈椅，在整个家具架构通体光素的前提下，靠板上的浮雕是唯一着刀雕花的地方，也是最吸引人眼

球之处。这种圆形团花的纹饰一般采用云龙纹样，龙形简练，姿态动感十足，或者是单龙与祥云互动，或者是二龙团游，头部向上而足下浮云飞动，尾部以身体部位简洁变化成卷草，加强了装饰感。在小面积的雕刻中，刀法稳健，有力准确，转折灵活，略带写意，情趣盎然。寥寥几笔构造出很强的动势，而且极为精致、简洁生动，回味无穷。明式家具的这种特点与文人们的参与是分不开的，体现在家具装饰上有两个方面极应注意。一是与家具结构紧密联系的装饰起到功能与装饰同时受用，二是简单精致的饰纹惜墨如金，以少胜多，而二者又是相互关联。追求简单无华，不

明·紫檀插肩榫大画案
及题识拓本
长192.8cm，宽102.5cm，
高83cm
王世襄原藏，现藏上海
博物馆

取繁缛，并将此意境的审美情趣带入其中，形成明式
家具的典型风格。

　　明式家具的纹饰图案的形成也有深厚的传统文化渊
源，是在继承历代纹样的基础上，不断推陈出新的结果。
我国古代装饰纹样，源远流长，是中华民族文化的瑰宝，
浸润了中华民族大家庭多民族文化养分，有其丰富的思
想和精神内涵。如在明式家具中常见的龙纹、凤纹、麒
麟纹、蝙蝠纹、螭纹；又如，牡丹、梅花、兰竹、莲花、
石榴、灵芝等奇草异花等；再如，回纹、云纹、如意、
暗八仙等。这些纹样极为经典，千锤百炼，代代相承。
如春秋、战国和两汉时代的青铜器、玉器饰纹，唐宋织
锦团花，明清青花瓷器图案及园林建筑的花窗、雕梁画
栋等元素，都对明式家具的饰纹有着深刻的影响。以最
典型的"龙纹"为例，龙，是中华民族的图腾，成为家

墓主与乐伎、仆役图案　　　　　墓主与仆役及凤鸟图案
《徐州汉画像石》图73　　　　　《徐州汉画像石》图86

玉器纹饰

明中期或更早圈椅靠椅
上的螭纹拓本
王世襄《明式家具研究》

具的主要装饰图案。明代，龙纹形制已基本定型，但主要为皇家所用。（《明史》记载："官吏衣服、帐幔，不许用玄、黄、紫三色，并织绣龙凤纹，违者罪及染造之人。"）但龙，也分等级。明清两代，民间也有以龙为纹样，常用三爪或四爪，并多与草龙纹相整合。在明清家具中，也有不少拿龙作为图案装饰的。常见的如螭龙和夔龙，螭龙的形状似小兽，无角，多见于汉代青铜器。夔龙，《山海经》曰："东海中有流波山，……其上有兽，状如牛，苍生无角……名曰夔。"夔龙，多见于战国以来的玉器雕饰，但在历代工艺品上都有丰富的形态出现。出现在明代家具上的各式龙纹图案丰富，且雕刻技艺成熟，装饰技巧和刀法完美，成为明式家具装饰的重要"视窗"。

明式家具上的纹饰雕刻，之所以如此精彩，与那个时代工匠艺人高手云集、相互竞赛分不开；与当时文人的参与也分不开。甚至可以说，有的还分不出谁是匠人，谁是文人。

以近代艺术大师齐白石老人为例，白石老人从小随当地家具雕饰的名家学习家具雕刻艺术，并逐渐成为百里范围内较有名气的"芝木匠"、

明·黄花梨六足高面盆架
王世襄《明式家具研究》

明中期以后玫瑰椅靠背上的螭纹
王世襄《明式家具研究》

"芝师傅"了，但白石老人认为"那时雕花匠所雕的花样差不多都是千篇一律。祖师传下来的一种花篮形式，更是陈陈相因，人家看得很熟。雕的人物，也无非是些麒麟送子、状元及第等一类东西。我认为这些老一辈的玩艺儿，雕来雕去，雕个没完，终究人要看得腻烦的。我就想法换个样子，在花篮上面，加些葡萄石榴桃梅杏等果子，或牡丹芍药梅花竹菊等花木。人物从绣像小说的插图里，勾摹出来，加些布景，构成图稿。我运用脑子里所想得到的，造上许多新的花样，雕成之后，果然人都夸奖说好。我高兴极了，益发地大胆创造起来。"（齐白石著《白石老人自述·从雕花匠到画匠》）这是最为典型的案例。

仙骨佛心

——明式家具、紫砂中的心灵意趣

明式家具、紫砂壶的精品带给我们"天然淡泊"，即"对之穆然，思之悠然而神往"。凡称之为"精品"、"神品"、"逸品"的经典之作，都具有无烟火气的形、超尘脱俗的骨、娴静闲逸的情和寂寥空灵的味，有一种天成之技、虚静之感、静穆之境。而绝无"火"、"燥"、"露"、"俗"之气，这种"仙骨佛心"的神韵，产生"几案有一具，生人闲远之思"的效果，表现出特有的"静气"和"禅味"。这些特质让文人墨客们为之澄怀凝神，静观默想。

几百年来，明式家具一直具有使用价值，时到如今，人们更看重的是其蕴含的艺术价值和收藏价值。经典作品给予人们的美感是多方面的，其造型大方、比例适度、轮廓舒展、榫卯精密、坚实牢固、选料精到等均是构成美感的因素，更何况其在工艺和艺术水准上一时都达到了世界之最。明式家具的美最主要的还是体现在结构简洁、功能性强、装饰严谨、精致典雅、融实用性与艺术性于一体，显示了简洁素雅、流畅空灵的独特艺术神韵，即所谓"仙骨佛心"。神品必须形、神、意俱全，而这三者的关系又是息息相通的。形中要有神，神中透出意，其真正的魅力在于既得于物，更得于物外。"仙骨"即指空灵、仙侠，而"佛心"则是由此透出的禅意、脱俗。中国意味的仙风禅意蕴藏着无穷的文化和哲学信息，富有独特的魅力。

在这里我们又不得不提到明代中后期士大夫阶层的宗教情怀问题，也就是说儒释道的合流问题。对于这个问题，我们以前经常从理论层面来认识，但更进一步的，在当时文人的心理层面、审美层面，这种合流更加明显。

顾炎武《日知录》十三卷中提到："南方士大夫，晚年多好学佛；北方士大夫，晚年多好学仙。"这种南北的说法，大概是当时流行的说法，例如绘画就分南北两宗，在《日知录》里就有南北风化之失、南北学者之病等等。这里的南北，其实是很笼统的说法，实际情况，是南北互通的。学佛学仙，是当时的一种风尚，儒释道的合流体现在各个方面。

明黄瑜在《双槐岁钞》中记录了一个科举故事：

明·黄花梨禅椅
高84.5cm，坐面宽75.3cm，深75cm
美国加州中国古典家具博物馆藏

正统戊辰科进士，首甲三人，时称儒释
道。状元彭时，安福儒籍。榜眼陈鉴，家本
姑苏，谪戍盖州卫，依神乐观道士，年三十四矣，
然犹未娶，出家故也。探花则会元岳正，通州潞县
人，父府军卫指挥兴蚤世，生母刘，或曰陈，莫知
其姓。幼避嫡妒，居大兴隆寺，故人以释目之。

这个故事当然有玩笑的成分，儒释道正凑齐三鼎甲，
是个有趣的谈资，但也正反映了当时的风气。在当时，
文人们不仅在理论上打通了儒释道的关节，在心理层面
上，也达到了同样的一种境界。

讨论中国传统知识分子的宗教情感，并不是一个新
鲜的话题，但在这里，不能不提到那神秘的微笑。

中国知识分子不能说没有宗教情怀，但在他们的世
界观中，缺少宗教需要的那份强烈的情感和严密的逻辑
体系。作为儒学的鼻祖，孔子也"畏天命"，对宇宙的不
可知产生敬畏，但他也"畏大人"，严格谨守礼仪建构起
的社会秩序。中国传统知识分子对生活当下的感知十分
强烈，为什么"禅宗"中的"当下"的概念会成为一个
十分重要的概念，其原因就是中国传统知识分子时刻生
活在当下。儒学强调一种适度克制的中庸情感。"中庸"
是一种认识论中的技巧，不偏谓之中，不倚谓之庸，但
它更是一种人生观。更进一步，它更是一种情感方式问
题。缺乏剧烈的情感方式，往往使得生命缺少一种破坏
力，因而，宗教的超越的特点，往往就消融在对生活的
关切和对人生的亲近中。

我们来看佛教造像的微笑。

1996年山东青州市发现了魏晋南北朝时期的龙兴

北魏·青州龙兴寺贴金佛头像
高27cm

寺遗址，并在遗址北部发现了一处窖藏坑，从坑中发掘出佛教造像四百余尊，历经东魏、北齐、隋、唐直至北宋年间。这是佛教艺术的重大发现，我们认为这是佛教进入中国后重要的一次"亮相"，它是宗教本土化后最重要的遗存。当时玄学、儒学思想、佛教相互影响，相互融合渗透，在艺术风格的表现上显现了中国佛教演变后的最终确立。青州造像头部造型从最早犍陀罗式的造像特点逐渐变化为肉髻微凸，面相圆润，略显长形，整体造型上，肩宽胸硕而腹细，整个造像上下呈圆筒状，全身服饰雕刻如"曹衣出水"，轻薄贴体，充分将身体的线条勾勒得清清楚楚，神态温和，给人以敦实沉稳的力量感和质朴亲近的温暖感。其中一尊北魏贴金佛头像，头像高二十七厘米，石灰石质，面相清瘦，肉髻高凸，发髻呈联珠状排列。眼细长，鼻高耸，嘴角上翘，略带微笑，显现出一派舒展、亮丽、安详、高洁的神态，这样的静穆与神圣，表现了怡适清雅、平淡天真之美。

关于微笑，美学界认为魏晋时期曾经历了从神秘的微笑向平和开朗的世俗化的微笑转变的过程，证明了佛教从弃世的宗教向人间情怀过渡的过程。但，宗教以微笑招揽信众，这本身是个奇妙的开始。畏惧和悲剧往往是人与神交流的序曲，而微笑是人与人关系的纽带。其实，佛像造型从开始就有十分浓烈的现世情怀，这种现世情怀，哪怕以来世来许诺，也是现实的。

当我们看到这种微笑时，首先感受到的是什么？是向往，是提示，是启发。在这样宁静美好的微笑中，突然感到了自己的缺失。生活是那样的纷扰，而微笑着的人其实也可以是你。这种微笑是一种静谧，是摆脱纷扰后的静谧；这种微笑也是一种满足，是自由的满足。

寻找生命的一种寂静或许是中国宗教的一个基本命题，这种寂静，是逃避式的超越，逃避红尘的烦扰，逃避生命的困惑，逃避命运的捉弄，但在逃避中也获得了自由，这种自由是生命的自由，是自己对自我的解放。宗教情感也就在现世的平台上实现了。

禅宗中，北宗的"凝心入定，住心看净，起心外照，摄心内证"（宗密《禅源诸诠集都序》卷二），南宗的"起真正般若观照，一刹那间，妄念俱灭"（《坛经·般若品》），讲究的所谓禅定，是摒除杂念，反观内心以澄澈天地的一种"心法"。道家提倡的"存念真一，离诸色染"（《沐浴身心经》）、"千日长斋，不关人事"（《道藏》洞真部谱箓类），也同样是追求一种超脱反观的"心法"，这种近乎入定的方法，和参禅中的心理感受和追求，是大致一样的。作为"明知不可为而为之"的积极入世的儒学，此时在"心学"的基础上，开始在格物致知上下细致功夫，其中对"良知"的体悟，也是士大夫对儒学理论的研究转向对内心的体悟，甚至出现了所谓的"归寂派"。归寂派的主要代表是聂豹（号双江）。这位聂双江先生认为："一曰良知者，虚灵之寂体，感于物而后有知，知其发也。致知者，惟归寂以通感，执体以应用，是谓知远之近，知风之自，知微之显而知无不良也。"（《双江聂先生文集》卷四）这其中的"归寂以通感"，聂双江自己也认为近乎禅定。在晚明时期，儒学出现了神秘主义的倾向，这与心学的反观内心有着十分重要的关系。所以，儒释道的合流，其实并不简单的只是义理的融合，在心理层面，也开始形成十分接近的某种状态，这就是追求一种空寂静湛的境界，寻求心灵的某种顿悟，以求心体的呈露。

正是这种心理层面的"心法"，直接影响了审美观念。李泽厚认为："中国哲学思想的形成不是从认识到宗教，而是由它们到审美，达到审美式的人生态度和人生境界。"（《李泽厚哲学美学论文选》）

这种审美观，不光停留在理念上，更在日常生活之中。因为儒家讲求的是日常家用，它既不是远离尘世的苦修，也不是万千寂灭的枯槁，而是充满温情又高蹈出尘的一种美感，这种充满灵气和禅意的表现，既显现在书法绘画等艺术上，在明式家具、紫砂壶上也体现得十分充分，意味深长。

我们试以几例作品，一一领略。

如榉木禅椅（座面87厘米×65厘米、座高52厘米、通高80厘米），此椅用料讲究，做工精到，敦厚大方。围子简洁，后背中间镶一块楠木板，纹理古雅。整个座椅从结构到装饰都采用了极为简练的造法，腿子为四根粗大方材，直落到地。其构思之巧妙，思考之缜密显示出主人极为慎重，并作为重器而制。座椅后面牙子上刻有铭文："咸丰壬子年腊月目立陆协盛号敬助。"

宋·佚名《画罗汉》（局部）
纵 105.5cm，横 55.6cm
台北故宫博物院藏

可能是主人捐助给寺庙高僧打坐用的，宛如神仙之椅。
宋代以降的绘画和木版图书插图中，似可见到此类大
型深座的椅子。画面中常有佛道人物或文人学者坐于
其上，双腿或盘或垂。宋人《画罗汉》（绢本设色画，
105.5厘米×55.6厘米）所绘世间罗汉着袈裟衣，盘
腿坐于禅椅，手中执瓶现神光。此椅为僧人打坐时用的
坐具，坐处宽敞，两扶手前端出头，前后腿与座面均饰
有云纹牙头。腿足线条优美，整体用料精细，令人叹为

美国旧金山"中国古典家具博物馆"中国古典家具展景

观止。再如榉木四出头官帽椅（座面71厘米×58厘米、座高31.5厘米、通高77厘米），乍看起来非常普通，但细看之下，这是一件非常典型的四出头官帽椅，线条有力流畅，结构简洁，榉木宝塔纹理曲线清楚，做工精致出众。椅背与扶手一气呵成，搭脑上稍厚并与两头形成波浪形曲线，流畅优美。独板靠背刻有圆形云纹浮雕生动祥和，加上设计巧妙的侧脚略带稳重，有圆满的整体感。前面扶手下曲挺的角牙柔和曼长，轮廓美好，宛若滑落的流水。而下方的踏脚枨子的支持牙条则采用向上逆冲的轮廓线，二者走势互异，造成巧妙的平衡趣味。官帽椅座下前面弓形牙子轮廓简明、圆润柔和，刚柔并依。此椅从侧面看，椅靠背的弯曲线宛若人体自臀部到颈部的一段曲线，既符合人体实际功用的需求，又尽显椅子柔美婉转的曲线美和榉木塔纹肌理的线条美，相互映照，锦上添花，似乎更具有了弹性和柔韧感。

我们再看紫砂壶中的"曼生壶"，有一把叫"箬笠壶"，又名斗笠壶。壶形酷似渔人头戴的箬笠，令人想起张志和《渔歌子》中的句子"青箬笠，绿蓑衣，斜风细雨不须归"，也使人想起陈洪绶《高贤读书图》（王己千先生怀云楼珍藏），画中二人对坐读书，石案上所置的那把茶壶，其外形和"箬笠壶"神似。箬笠壶身上镌刻文字："笠荫暍，茶去渴，是二是一，我佛无说。曼生铭。"这段铭文的大意是：笠帽可以遮阳，茶能解渴去累，那么遮阳笠形状和泡茶去渴的斗笠壶，它究竟是一回事还是两回事呢？菩萨也认为不可说，不可说。壶底钤印为"阿曼陀室"。此壶造型独特，壶身铭文也很耐人寻味，神形毕呈的设计和制作者匠心独具，构思巧妙，内容丰富。又如当代壶艺大师顾景舟制作的一把"此乐提梁壶"，壶身扁圆状如安塞大鼓。提梁极度夸张，自肩部向上逐渐张开。扁圆壶身与瘦高提梁相互映衬，空间虚白与壶身实体虚实相当、上下呼应，下重上轻成倒梯形，更显得稳重，但又表现得极为简约灵巧，线条流畅。壶身铭文字体为金文，古朴苍劲，与圆润的壶身形成强烈反差，但又显得非常协调。铭文内容："不圆而圆，不方而方。智欲其圆，行欲其方，刚柔相济。"既写出了制壶的诀窍，也道出了人生的哲理，用心良苦，其意深邃。把弄此壶岂仅有饮茶解渴生津之美哉？

明式家具、紫砂壶的典型作品神形兼备，工艺精湛，内涵丰富，除了生活中实际受用之外，艺术价值和艺术品位更令人赞叹不已。谈及明式家具的精妙之处，王世襄归为简练、淳朴、厚拙、凝重、雄伟、圆浑、沉穆、秾华、文绮、妍秀、劲挺、柔婉、空灵、玲珑、典雅、清新十六品。如果我们把它作为对紫砂壶的评品分

榉木禅椅

类也很恰当，可见两者的评判标准和艺术内容是相关相通的。"静气"和"禅味"是其最本质的表达。所谓"静气"，清代大画家王翚和恽寿平早已断言："画至神妙处，必有静气……画至于静，其登峰矣乎。"（笪重光《画筌》两家注评）就是将"静气"作为绘画之事的美学最高境界。如此神妙的境界究竟是什么呢？"静气"就是反映作者在绘画过程中呈现的人文修养，所具有的"宁静致远"的心理状态，"意存笔先"的艺术表现手法等诸方面综合过程的物化形式。

明代中晚期，由于外部世界的纷扰，士大夫所具有的对心灵的管理能力也达到了一个历史的高点，这种人生观表现在由外转内，追求隐居避世，独善其身，达到内心的安宁。明代大画家董其昌终其一生致力于禅学、庄老，他充分获取历史积淀的深沉智慧，自觉打通绘画本身与其他学问的内存关联与精神气脉。他

官帽椅

对绘画形而上本体的探求，融合了先秦儒家性命之学和禅宗之心法，在绘画上化情起性，习气顿除而入本心，直追心源，达到"凡圣融摄而自在无碍"的境界。他所向往的沉静、肃静、雅洁，使其艺术创造，充分展现紧密丰润厚醇清逸。致力于清空体象的确立，达到不为外物所累，不为性情所累，造就静雅秀润空灵的气韵。也正如宗白华在《美学散步》中所云："禅是动中的极静，也是静中的极动，寂而常照，照而常寂，动静不二，直探生命的本源。禅是中国人接触佛教大乘教义后体认到自己心灵深处而灿烂地发挥到哲学与艺术的境界。静穆的观照和飞跃的生命构成艺术的两元，也是禅的心灵的状态。"

董其昌通过对禅说的探究，将一种宗教感情转化为审美体验，将人间的悲欢离合、七情六欲引渡至空无永恒的境界。可见，明清文人，以诗文为寄，以书画为乐，以玩物（家具、紫砂壶）为趣，无在乎外界的纷争，而达到外界生活与内心世界的统一，达到宇宙精神与个人思想行为的一致。可以说，董其昌对禅宗、庄老的认识，体现在绘画之艺术的精微、中和、蕴藉、质实、疏宕、浑茫、壮阔、雄伟、空灵、清幽、

早清·黄花梨拜帖盒
长33cm，宽16.6cm，高5.8cm
攻玉山房藏

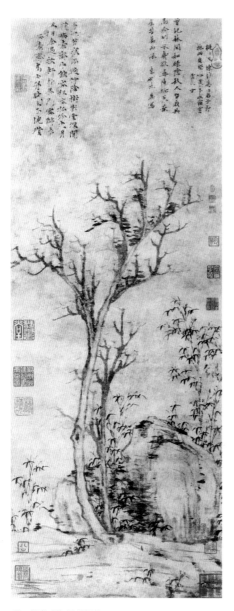

元·倪瓒《苔痕树影图》
纸本，水墨
纵91.5cm，横33cm
无锡博物院藏

雅秀、淡远，会集在老子的"致虚极、守静笃……是谓复命，复命曰常"的静穆平淡的境界之中。这种境界就是陈继儒在董其昌的《容台集》序中所云："凡诗文家客气、市气、纵横气、草野气、锦衣玉食气，皆锄治抖擞，不令微细流注于胸次，而发现于毫端……渐老渐熟，渐熟渐离，渐离渐近于平淡自然，而浮华刊落矣，姿态横生矣，堂堂大人相独露矣。"

以董其昌作于万历四十五年（1617）丁巳的《高逸图》轴为例：此画是董其昌在游宜兴时的乘兴之作，并题诗曰："烟岚屈曲径交加，新作茆堂窄也佳。手种松杉皆老大，经年不踏县门衙。"又题"道枢载松醪一斛，与余同泛荆溪，舟中写此纪兴。"《高逸图》是赠给蒋道枢丈的，画法似倪云林法，逸笔草草、以侧笔为主，一河两岸、数株杂树，披麻兼用。有轻有重，其佳处笔法秀峭，淡然天真。这完全表现了董其昌渴望平淡自然的生活，追求幽深清远的意境。"在烟销日出之时，会欢然消失于山青水绿之中，消失于历史的黎明之中，以求得彻底的解脱和退隐之道"。

在明式家具、紫砂壶的设计及制作过程中同样也反映了这些因素，以达到澄怀静观的要求，也就是在达到"画到精纯在耐烦，下帷攻苦不窥园"（松年《颐园论画》）的高度纯熟技能技法基础之上，臻于"不知然而然"的境界。同时，又要求"兴高意远"和"气静神凝"动静相济，"神闲意定则思不竭而笔不困也"（郭若虚《图画见闻志》），以保持"物我两忘"心醉神迷的心态，达到静穆之气盎然的状态。将书法、绘画、篆刻融于一体，一把上好的紫砂壶，一张简练的椅子，雅致的造型，绝佳的饰铭，在明代文人之间已蔚然成风。董其昌、陈继儒、项元汴、潘允端等都曾参与，并创作出极佳的"逸品"和"禅品"。这种"静气"在绘画中体现为上乘之作，在明式家具和紫砂壶中体现为逸品、神妙之品。这种逸品也充满着静气禅味。所谓"禅味"，就是一种清净无杂念而又与万物相融的精神，就是一种轻松、平静而又纯朴的气氛，就是山水画中体现的"禅宗之超然襟怀最易与萧疏清旷之山水融为一体"，在山水画中另辟一天地，使画境与禅心结合。五代宋初作简练纵逸、奇崛夸张人物的石恪，宋代亦以"减笔"作禅宗人物和北禅宗人物的梁楷，以及作"随笔点墨而成，意思简当，不费妆缀"（《图绘宝鉴》）的花鸟、山水、人物的释法常等人都曾挥写过精彩的"禅味"人物画。笔者家乡的元代大画家倪云林的山水画"逸笔草草"，清人物画家顾应泰的"四才子图"都是具有"禅味"的。而这些"禅味"也同样反映在文人们欣赏和把玩的家具及陈设中，前面所举的几例都洋溢着这样一种"禅味"之气，与此同时，关于家具的禅味，文震亨在《长物志》中也有论述：

南宋·梁楷《太白行吟图》
立轴，纸本，墨笔
纵81.2cm，横30.4cm
日本东京国立博物馆藏

　　矮榻，高尺许，长四尺，置之佛堂、书斋，可以习静坐禅，谈玄挥麈，更便斜倚，俗名"弥勒榻"。

　　禅椅，以天台藤为之，或得古树根，如虬龙诘曲臃肿，槎牙四出，可挂瓢笠及数珠、瓶钵等器，更须莹滑如玉，不露斧斤者为佳，近见有以五色芝粘其上者，颇为添足。

　　文震亨所提到的供习静坐禅的家具设计，固然是功能性的设计，但其精神性的特点也是十分鲜明的。我们可以得出结论，具有"禅味"的明式家具、紫砂壶，必然存在于产量不高而质量极高的经典作品之中。

　　不难看出，明式家具之所以能在海内外受到热捧，紫砂壶之所以会在港台地区，以及东亚、东南亚引起共鸣，除实用功能外，自身的不凡艺术内涵和渗透其中的"仙骨佛心"的艺术神韵，带有强烈的挥之不去的艺术魅力与视觉冲击。

　　这其实是骨子里透出来的微笑。

美国旧金山"中国古典家具博物馆"
中国古典家具展景

志于道 游于艺

——陈曼生与紫砂壶

近年来，由白先勇先生力倡的全本昆曲《牡丹亭》，新锐话剧导演田沁鑫排演的昆剧《桃花扇》等为现时的人们展示了明人的生活图景和文化品位。明人对金钱及传统的态度是复杂的，当时的城市富人及士大夫都在以各种方式寻求思想的突破，特别是到了晚明，自我表现的动力和金钱搅和在一起，形成了席卷全社会的奢侈之风。万历年间的《顺天府志》记载："大都薄骨肉而重交游，厌老成而尚轻锐，以宴游为佳致，以饮博为本业。"各种茶楼、酒肆、歌馆招牌林立。不仅大都市夜生活丰富，就是在江南小镇也"夜必饮酒"，秦淮河畔更是优伶歌妓盛极一时。不少文人墨客难逃此风，就是大户人家的唱堂会也时有"荤段子"出现。其实，明人消遣，特别是从晚明至清，都有俗雅之分。在一个人身上也往往有不同人生面目的展现。如大画家唐寅、仇英也曾为"春宫画"启笔。明人所著《格古要论》、《长物志》都反映了时人在传统的"古玩"之外，也出现了"时玩"。如"把玩"紫砂壶与明式家具，在城市富人、士大夫阶层中成为时尚，这大致属于"雅一路"。当时文人墨客除书画古玩、古琴书斋之外，用来把玩和消遣的又多了两款值

清·杨彭年制陈曼生铭
瓤瓜壶
高9cm，口径6.3cm
上海唐云原藏

得玩味的东西：紫砂壶和明式家具。前者用来品茗把玩，后者是在清寂的书斋中添置几样既可观赏又可实用的家具来达到既用又赏的目的。不仅如此，不少人又都结合个人的经济条件、个性爱好纷纷参与制作、探讨与把玩，在"圈内"慢慢传播开去，以至于形成一种风雅逸致的风气，使人痴醉沉迷。

明清，不少文人在"入世"和"出世"之间徘徊和煎熬，使得文人在抒志和用才的层面上要寻找新的出路。既然在从政方面不得机会且难以保身立命，那就只得在非政的方面谋得表现的天地，于是他们当中有一批人以"把玩"古玩、书画、戏剧、家具等求得积极和相对稳定的生活和闲适的心态，这是构筑于生活享受基础上的抒发文人们的知识经纬和审美意味的新平台。这种状态不但体现出了文人风雅生活的根源所在，也体现出他们在无奈的取舍中依然保持对生活美好的追求，使他们的生活呈现出了新的亮色。这其中最典型的代表人物之一就是清代学者陈曼生。

陈鸿寿（1768～1822），字颂，又字子恭，号曼生，浙江钱塘人，生于乾隆三十三年（1768），嘉庆六年（1801）三十四岁时拔贡，其间做过溧阳知县，卒于道光二年（1822），享年五十五岁。陈曼生是一个通过科举入仕，从低级的幕僚做起的清代文人，为当时知名画家、诗人、篆刻家和书法家，"西泠八家"之一；他的众多名号如"夹谷亭长"、"西湖渔隐"等等都反映其一定的生活心态，但在陈曼生的仕途和文人生涯中，在溧阳任知县是其最为得意的一段人生，陈曼生的所谓风雅逸事也由此发端并日渐精彩。据《溧阳县志》记载，陈曼生

清·陈鸿寿（曼生）治印
"万卷藏书宜子弟"

在溧阳应该主政两任，担任知县共六年之久，相对稳定的生活和一定的社会地位，加上曼生生性豪放热情、兴趣广博，各地贤俊名流踵门结交，萃集左右，歌诗酬唱，书画往来，名噪海内。溧阳与宜兴相邻，由于饮茶习俗的改变，于明代兴起的宜兴紫砂壶名声大振。入清以来，宜兴紫砂壶发展已相当成熟，不少达官贵人、文人雅士、工商巨贾纷至沓来。陈曼生以其书画金石之功力，结交制壶名匠杨彭年等人，又加上文人墨客、同僚幕客共同"传唱"、"把玩"，使陈曼生的制壶生涯达到顶峰，其设计的多种紫砂壶式被通称为"曼生十八式"。

陈曼生为官"廉明勇敢，卓著循声，创文学、修邑志、办赈之善，为大江南北最"（《墨林今话》卷十）。其在溧阳任上政绩显著，可谓是为官一任，造福一方。但尽管陈曼生所处之日正值所谓"乾嘉盛世"，且他在任之日政声斐然，但他毕竟也不会是左右逢源时时春风。风雅生活的本质属性中除却文人自有的特质之外，隐性无奈的选择也是重要的方面。在生存与生活层面上从无奈的选择至刻意的追求，这是一个过程。好在他们的意念与所钟情的器物的生活实用性及自身清高的意境相连，以至于没有向糜烂滑去，而是向积极光亮的艺术层面提

清·陈鸿寿像
据《清代学者象传合集》
叶衍兰、叶恭绰编，黄小泉绘

阿曼陀室
清·陈鸿寿铭杨彭年制
井栏提梁壶底印拓
香港茶具文物馆藏

升。曼生为官并没有失去文人的个性和趣味，而是在为官之余，仍保存其独特的个性及艺术家的天趣。陈曼生喜欢的一幅画《秋菊茶壶图》中有一段题跋："茶已熟，菊正开，赏秋人，来不来"，读来令人想起陈曼生的幽默风趣，不但是一位没有官气的小官僚，还是一位妙趣横生的文人。曼生曾云："凡诗文书画，不必十分到家，乃见天趣。"陈曼生凭借其天资豪爽、意趣纵生的天赋，"心摹手追，几乎得其神骏"，往往随意挥洒，自然天成，使所绘、所写、所做"不为蹊径所缚"，只是表现得天趣横生、妙手天成而已。其实陈曼生的"天趣"不完全是"天成"，而是有其书画的功力的，但陈曼生在当时并不是十分杰出的书画艺术家。曼生的书法从碑学入手，四书皆工，而曼生的画又以花卉果蔬为题材，间有山水。曼生显然认为"书画虽小技，神而明之，可以养身，可以悟道，与禅机相通。宋以来如赵、如文、如董皆不愧正眼法藏。余性耽书画，虽无能与古人为徒，而用刀积久，颇有会于禅理，知昔贤不我欺也"，但曼生的才华和书画功底真正发挥得淋漓尽致是在与杨彭年结交之后。

杨彭年在宜兴的紫砂壶工匠中并不是最出色的，仅仅是一名工匠而已，但杨彭年的制壶、练泥的技术一旦为陈曼生所用，却产生了杰出的紫砂茶壶杰作，这种结合不是强强联手，而是趣味相投，自然天成，其产生的艺术创造力也不是两人原本的艺术功底可以比拟。这是一种奇迹，不是所有书画艺术家和陶艺家的结合都可以表现得如此出类拔萃。在他们结合之前，宜兴紫砂壶充其量也就是和其他陶瓷产品一样，是工匠手中出来的工艺品而已。乾隆时期，皇家在宜兴定烧紫砂器，在壶上施绘珐琅彩，虽用心良苦，并没有把宜兴紫砂壶送进艺术殿堂，反有画蛇添足之感，在宜兴紫砂壶的制作历史中昙花一现。那么，为什么陈曼生和杨彭年的结合会使宜兴紫砂壶成为追求清新自然、质朴无华、得之天趣的士大夫及文人阶层所喜欢的紫砂壶艺术品呢？陈曼生以他深厚的艺术修养和独特的审美情趣，结合其人生阅历并对生活的细微观察，取诸自然现象、器物形态、古器文玩等精心设计紫砂壶。同时他还十分崇尚质朴简练的艺术风格，他所设计的紫砂茗壶力求在"简"字上做文章，绘画题诗，简约隽永，

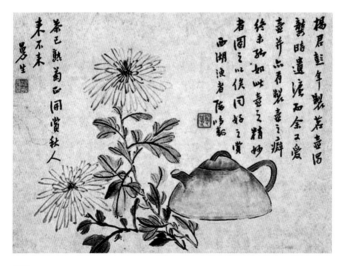

清·陈鸿寿《菊花茗壶图》

清·杨彭年制曼生直腹壶
壶把印："彭年"，壶底印："阿曼陀室"，壶肩铭："叔陶作壶，其永宝用"，壶壁铭："嘉庆乙亥秋九月，桑连理馆制，茗壶第一千三百七十九，频迦识"，壶腹铭："江听香、钱叔美、钮非石、张老姜、卢小凫、朱理堂……同品定并记。"
高7cm，直径11.8cm
香港茶具文物馆藏

文切意远、耐人寻味；融造型、文学、绘画、书法、篆刻于一壶。壶腹上镌刻山水花鸟，使清雅素净的紫砂茗壶平添几分诗情画意，赋予其丰富的文化内涵，超越了简单的茶具功能，成为紫玉金砂与书画翰墨的结晶。

陈曼生的艺术实践和天赋，对其周围不少趣味相同的文人好友，对杨彭年的壶艺也有不小的影响。蒋宝龄形容陈曼生"宰溧阳时名流麇至"，在这样一个坚强如磐的文化圈子里，杨彭年当然获益匪浅。有文章记载曼生"所居室庐狭隘。四方贤隽莫不踵门纳交，酒宴琴歌，座上恒满"，"自奉节啬而宾客酬酢备极丰赡"。曼生公余之暇"与同人觞咏流连，无间寒暑"，一年四季，曼生都以结交朋友为快事。其间，钱叔美（杜）、改七芗（琦）、汪小迂（鸿）还合作过"桑连理馆主客图"（桑连理馆是曼生府邸，他于此批复公文，处理案牍，修编县志，接待四方来客，徜徉艺海，研制砂壶），郭麐（频迦）为此还著文纪之，一时传为佳话。

在陈曼生的朋友中，如改琦（1774～1829），字伯蕴，号香白，又号七芗，别号玉壶外史，祖先为西域

清·杨彭年制壶底印
"杨彭年造"

清·陈鸿寿阿曼陀室壶
底印"阿曼陀室"

人氏，后入籍松江。改琦天资聪敏，诗画如天授，著有
《玉壶山人集》，是著名的人物画家，用笔秀逸出尘，但
也是出了名的壶艺爱好者。

又如汪鸿（生卒年待考），字延年，号小迂，安徽休
宁人，为陈曼生幕僚，花鸟、山水皆工，与钱杜、改琦、
郭频迦等人为伍，都是桑连理馆旧友，其所学得力于陈
曼生。同时汪小迂又娴熟刻工，凡金钢瓷石竹木无一不
能奏刀。不仅如此，还能度曲弹琴，是一位难得的多才
多艺的才子。著名藏家龚钊（1870～1949）藏有一把曼
生壶，其盖内有一段文字，提到了汪鸿为曼生公所刻，
还说明紫砂壶不宜刻山水。所以曼生壶中不多见山水大
概与汪鸿的见解有关。

再如郭麐（1767～1831），字祥伯，号频迦，又号
白眉生，人称郭白眉，晚号蘧庵居士，吴江诸生，资秉
过人，曾游姚鼐（1731～1815）门。应京试入都，金兰
畦尚书以国士待之，因此名声大噪。下第南归后，以诗
鸣江湖二十多年。工词章、善篆刻，间画竹石，别有天
趣。为此，陈曼生最器重郭频迦，在曼生壶的设计制作
中，一部分铭由曼生所为，但不少是由郭频迦主刻的。
现在藏在上海博物馆、南京博物馆等处的曼生壶上都有
"频迦""祥伯"的不少铭刻。

上述几位都是陈曼生的好友，加上陈曼生与同时代
的浙派印人群体之间的交流，形成了一个相当大的群体，
如黄易、奚冈、陈豫钟、赵之琛等。他们以书画交心，
以紫砂壶艺交友，相互启发，共同探讨，把文人意识通
过紫砂泥手捏成型，刻上书画成为紫砂壶艺的新境界。
假如只有陈曼生一人，而没有以曼生为中心的，像改琦、
频迦这样一批人也是形成不了大的气候的。这恰恰可以

清·曼生壶铭文拓本
"不肥而坚，是以永年，曼公作瓢壶铭"
"煮白石，泛绿云，一瓢细酌邀桐君，曼铭"

让我们明白，明清文人的风雅生活状态，除却有佼佼者傲然独立，同时又是一个群体相拥相融、同趣同志的集合结果。

当然，与陈曼生合作贡献最大的还是杨彭年。杨彭年，字二泉，号大鹏，荆溪人。据《耕砚田笔记》云："彭年善制砂壶，始复捏造之法。虽随意制成，自有天然风致。"由杨彭年制成的茗壶，玉色晶光，气韵文雅，质朴精致，为文人所好。《阳羡砂壶图考》记载："（彭）善配泥，亦工刻竹刻锡。"而顾景舟认为"杨彭年壶艺功平凡，因由曼生刻铭，壶随字贵，字依壶传"，不无道理。《阳羡砂壶图考》又云："寻常贻人之品，每壶只二百四十文，加工者价三倍。"杨彭年的盛名传世和他与曼生的结党的确有着重要的关系。如果没有曼生为杨彭年造势，并引同道暨壶痴们鉴赏酬酢，为其形制督导把关，指导其砂壶捏制，并亲自动手装饰铭文书画，杨彭年可能和其他工匠一样湮没在坊间里井、湮没在无闻的工匠代代相承但名不见经传的历史长河中。从另一个角度讲，正是因为有杨彭年手捏砂壶随意制成，亦有天然之致的高人之处，符合曼生等文人的放荡不羁的心态，促使两人天性能互相接纳融合，使紫砂壶艺精品流传于世。文人在艺术方面的造诣以及审美层面的追求，与工匠们不自觉的灵性发挥相结合，使制壶工艺向更高层次发展，从某种意义上看，文人的思想意境找到了一条宣泄的通道，铸就了文人们风雅生活的别有洞天。

明清以来，书画篆刻名人辈出，不计其数，名匠艺人层出不穷。明代大画家大书法家董其昌、陈继儒都曾定制收藏紫砂壶，并自书铭名。清代吴大澂、吴昌硕等

清·吴昌硕兰壶团扇
纸本，设色
宽24cm，高24cm
安吉吴昌硕纪念馆藏

艺术家也酷爱紫砂壶，吴大澂晚年卜居歇浦，与画家任伯年、胡公寿、吴昌硕辈交结"把玩"紫砂壶艺。吴大澂曾藏有供春缺盖树瘿壶，因请黄玉麟（1842～1913，宜兴上袁村人，善制掇球、供春、鱼化龙诸式紫砂壶，莹洁圆润，精巧而不失古意）到吴大澂家依式仿造。又另制壶数件，以贻知友，壶底有"愙斋"（吴大澂字清卿，号恒轩、愙斋）阳文印，古篆朴雅，非前辈印可及。正是因为有了以陈曼生为核心的一批才名俱佳的文人把才情带入到壶艺领域，使茗壶这一日常用具添加了不少令人遐想的意韵，使人爱不释手，人人关爱的程度达到无以复加的地步，乃至千年鉴赏，百世流芳。完全可以这样讲，正是有了陈曼生，有了"曼生壶"，才使后来的茗壶"玩"转起来，才能使我们在享受中国历代古董书画的内涵意境的同时，可以在紫砂茗壶的"把玩"间同样体会其中遗韵，并产生出中国书画不具备的逸致与文心，在其中流连忘返，如痴如醉。

从曼生壶的"捏制"到"把玩"，确有风雅的一面。当我们细细品味其间所具有的魅力时，不可否认旧时文人对曼生壶的热衷、推崇和参与，是紫砂壶至今仍保持

曼生壶铭
庞元济《虚斋名陶录》

古朴典雅的文人风采的主要因素。从另一方面讲，曼生壶体现出的价值和风采不仅在于其壶的本身，而更在于"制作"到"把玩"的"过程"中所沁透出的文化艺术精魄。

要解读这一文化艺术精魄，必须从曼生壶本身来观照并加以解析。

曼生壶在紫砂壶艺术中的地位，与文人画在中国画中的地位相仿佛。虽然并不能以曼生壶来代表紫砂壶，但曼生壶开辟了紫砂壶艺术向更高文化层面发展的道路。

从紫砂壶产生到曼生壶出现的演进来看，与中国茶文化的演进相符，即由大众文化向小众文化推进，由俗文化向雅文化推进。

以致以陈曼生为代表的一代文人，关注紫砂壶，并作为他们艺术实践的门类。

陈曼生是西泠八家之一，是书画印俱佳的文人艺术家，在他的生活中，自然与笔墨纸砚、臂搁笔山、镇纸墨床、花瓶香炉、昆石幽兰等文房清供有着非常亲密的接触。当紫砂壶一旦成为茶具的主角，进入文人生活后，自然被引入书斋，文人对紫砂壶的影响也就有了可能。

紫砂壶能够脱颖而出，除了壶本身已经具备的诸如前文所述的众多原因外，还在于紫砂壶有着与其他文房用品及清供无法比拟的优势。

在文人把玩的器物中，有些是必须保持距离的，如案头清供。无论是梅兰竹菊，还是昆石美玉，或是商鼎周彝，虽然也能摩挲，也能赏鉴，但毕竟以视觉审美为主。在使用的亲切度上，无法与茶壶相比。

亲切度，体现在实用与温度上。

实用观是儒家学说经世治国理念的通俗化。功能上的实用与否，决定了一件物品与人的亲近度。茶最基本的功能是解渴，具有非常实用的一面，因此即使茶壶不如其他清供名贵，却与人极亲。

当茶壶中泡上一壶茶，茶壶就成了有生命的器物。在中国的人文精神词汇中，"温文尔雅"、"即之也温"、"不温不火"、"温润如玉"，都将温度视作人的品性。温度的意义在于内在的传递。

禅者语"如人饮水，冷暖自知"，温度的传递有着平淡而秘密的一面，包含着当下、平常、给予、体验、幸福、直觉、不可说等等意义。因此，一壶热茶在手，同样具有平常生活中的体仁意味。

明代泰州学派的王艮提出"百姓日用即道"的观念，认为圣人之道就在日常生活之中。这无疑是从理学、禅宗思想中一脉而来产生的思想，对中国人的生活观念产生了非常重要的影响。作为百姓日用的茶，理所当然地被赋予了道的意义，并不只作为谈玄、论道、参禅的附属存在。这使得茶事不仅作

清·改琦《双红豆图》
纸本，设色
纵111cm，横30.7cm
钱镜塘原藏

家具、紫砂与明清文人

清 · 杨彭年制、陈曼生铭石瓢壶
高 7.5cm，口径 6.8cm
铭文：不肥而坚，是以永年。曼公
作瓢壶铭
上海唐云原藏

为风雅生活的一部分，也从根本上为文人喜爱茶事提供了心理上的依据。

由此再上溯至唐宋，那时饮茶已经被赋予了精神生活的内涵，品茶不仅仅是高品位的物质生活，也成为谈玄论道的必备佳品。"茶禅一味"观念的产生，标志着儒、释、道都已将饮茶作为与精神生活密切相关的体验。饮茶本身，已经被有闲的知识阶层从"柴米油盐酱醋茶"的物质生活层面提升到了有文化的精神生活层面。

这种结果的本身，代表中国人的现世生活价值本位观。

在文人读书论道的生活中，茶的润喉解渴、提神醒脑作用显得极为重要，晋人挥麈谈玄，手中是麈，在明清文人的谈玄场所，也就出现了紫砂壶。因此，当紫砂壶在文房用品中以实用、日用、温暖、亲切的特征出现时，它与人的关系与地位就与其他文房产生了微妙的差异。

此时，当陈曼生的手中出现了紫砂壶，他的学养和艺术的修为就氤氲萌动了。

当一只色泽深沉、质地古朴、适宜泡茶、热不炙手、大小适中，又兼有种种道德比喻与哲理折射的紫砂茶壶出现在文人书房里时，对紫砂壶的欣赏，就不仅仅是出于对壶具本身的实用价值和它所传达的器物史信息的赏鉴了。

文人审美的介入，是曼生壶产生的标志。

在曼生壶产生前，紫砂壶已经有了非常不凡的成就。在中国异常发达的工艺传统中，匠人具备的艺术成就本来已经非常精深。文人介入要达到新的高度，是极其困难的。但文人介入自然会另辟蹊径，这就是文人审美的综合影响力。

陈曼生在紫砂壶方面的艺术成就，自然基于他对茶事、对茶壶的理解，也基于他的生活观、哲学观。

在曼生壶之前，紫砂壶形制主要传承了壶具的历史形制，它主要传承和模仿着陶器、青铜器、瓷器的形制。曼生壶则大胆地突破了这一因循沿习的传统。这种对传统形制的超越，完全能从相传的曼生十八式以及曼生壶铭中寻找答案，也可以为陈曼生何以如此钟爱紫砂壶找到答案。以下将分别从曼生壶的铭文、形制和装饰等诸方面来对曼生壶进行进一步的解读和探索。

首先我们对曼生壶的铭文进行一下解读。

曼生壶的铭文有着双重作用，一是诠释，二是美观。文字诠释表达了他对壶的鉴赏以及对茶事的记录与赞美，美观则包含了书法本身的审美与对壶体的装饰作用。

解读曼生壶，曼生壶铭是极其重要的途径。也能寻找到陈曼生介入紫砂壶艺术的目的。曼生壶铭，好比是曼生壶最直接的解释，是曼生壶艺术的自我表述。

"试阳羡茶，煮合江水，坡仙之徒，皆大欢喜"；

"八饼头纲，为鸾为凰，得雌者昌"；

"有扁斯石，砭我之渴"；

"不肥而坚，是以永年"；

"饮之吉，瓟瓜无匹"；

"苦而旨，直其体，公孙丞相甘如醴"；

"内清明，外直方，吾与尔偕臧"；

"煮白石，泛绿云，一瓢细酌邀桐君"；

"笠荫暍，茶去渴，是二是一，我佛无说"；

"汲井匪深，挈瓶匪小，式饮庶几，永以为好"；

"左供水，右供酒，学仙佛，付两手"；

"铫合丁宁，改注茶经"；

"如瓜镇心，以涤烦襟"；

"鉴取水，瓦承泽；泉源源，润无极"；

"乳泉霏雪，沁我吟颊"；

"帘深月回，敲棋斗茗，器无差等"；

"止流水，以怡心"；

"宜春日，强饮吉"；

"此云之腴，餐之不瞿，列仙之儒"；

"井养不穷，是以知汲古之功"；

清·杨彭年制陈曼生铭瓟瓜壶铭文拓本
"饮之吉，匏瓜无匹，曼生铭"

181

"为惠施，为张苍，去满腹，无湖江"；

"梅雪枝头活火煎，山中人兮仙乎仙"；

"天茶星，守东井，占之吉，得茗饮"；

"曼公督造茗壶，第四千六百十四为屏泉清玩"；

"中有智珠，使人不枯，列仙之儒"；

"月满则亏，置之座右，以为我规"；

"吾爱吾鼎，强食强饮"；

"蠲忿去渴，眉寿无割"；

"勿轻短褐，其中有物，倾之活活"；

"水味甘，茶味苦，养生方，胜钟乳"；

"不求其全，乃能延年。饮之甘泉，青萝清玩"；

"日之光，泉之香，仙之人，乐未央"；

"在水一方"；

"方山子，玉川子，君子之交淡如此"；

"无用之用，八音所重"；

"君子有酒，奉爵称寿"；

"维唐元和六年，岁次辛卯，五月甲午朔，十五日戊申，沙门澄观为零陵寺造常住井阑并石盆，永充供养，大匠储卿、郭通。以偈赞曰：'此是南山石，将来作井阑。流传千万代，各结佛家缘。尽意修功德，应无朽坏年。同霑胜福者，超于弥勒前。'曼生抚零陵寺唐井文字，为寄沤清玩"。

这些铭文，有结合壶式的点睛之笔，也有抛开壶式的神来之笔，有道家养生延年的格调，也有儒家君子道德的标榜。其出句，不离茶与壶，单刀直入，切于题而合乎度；其比兴联想内涵深邃，却又举重若轻，虚实相间，深刻诙谐，不失意趣。总而言之，是将入世与出世结合在情趣上，落实于生活本身。这是曼生壶铭的精神世界，也是曼生壶点铁成金的超拔之处。

曼生壶铭的语句，多为三言四言，古朴隽永，简洁明快，从文辞风格来讲，既深受易经卜辞之神秘、诗经之真挚的影响，也有禅语佛偈的犀利超脱，道家的逍遥洒脱，还有商周青铜器铭文的痕迹，充分呈现出陈曼生的学养背景，也显示出他风趣幽默而淡雅的生活观。

"茗壶第一千三百七十九"、"曼公督造茗壶第四千六百十四"，这些骇人听闻的编号，恐怕不会是类似今天出厂铭牌一样的真实的记录，因为存世曼生壶多数没有编号，因此这种数字，只可能纳入佛家"四万八千"、"八万四千"的数字世界中去玩味，它所带来的，就是拈花会心的一笑。

当铭文出现在紫砂壶上时，器物便有了文化意味。中国历来对文字敬若神明，连写过字的纸也要专门收集来在字纸炉中焚化。道教对上帝进言，也要写字于纸焚烧升化。文人对铭刻文字的喜好，从古碑碣而来源远流长。前文已有详述。在文房用品中，不少也是会刻上铭文款识的。如砚、镇纸、臂搁等都会出现铭文，甚至在供石、佛像上也会出现铭文。铭文是具有历史况味的记录。一旦刻上铭文，就具有纪事纪年的意义。从以纪事为主的碑碣，到以品题为主的刻石、摩崖，到市井的界石、墓碑，都具有记录历史的作用。在曼生壶铭中，也有这样的铭文。

在仿古井栏壶上，陈曼生将零陵寺井栏上的刻石文字全部照录了下来，这种全文抄录创作母体的铭文形式，

不仅使井铭有了特殊的转录传递途径，是否还会使执壶者将壶与井产生"是二是一"的寄托与思辨呢？

香港茶具文物馆藏有一把曼生直腹壶，此壶壶肩铭文为："叔陶作壶，其永宝用"，壶壁铭文为："嘉庆乙亥秋九月，桑连理馆制，茗壶第一千三百七十九，频迦识"，壶腹铭文为："江听香、钱叔美、钮非石、张老薑、卢小凫、朱理堂……同品定并记"。同时品定的人员十五人，加上叔陶与频迦，共十七人。这样的铭文，与其说是壶的铭文，不如说是一次艺术活动的记录。而以往纪事的铭文，其铭刻本体并非是艺术活动的对象，曼生壶将两者结合起来，紫砂壶也从此成为文人艺术的特殊类型。

清·杨彭年制陈曼生铭圆珠壶及铭文拓本
铭文："中有智珠，使人不枯，列仙之儒，曼生铭"
奥兰田《茗壶图录》

从曼生壶铭的内容上看，都从茶事本身出发，引出风雅、哲悟、养身、怡性的话题，并没有后世有些铭文完全脱离茶事本身直接以抽象作命题的隔离。《阳羡砂壶图考》又云："明清两代名手制壶，每每择刻前人诗句而漫无鉴别。或切茶而不切壶，或茶与壶俱不切……至于切定茗壶并贴切壶形做铭者实始于曼生。世之欣赏有由来矣。"这显然是以茶事作为入世与出世的结合点，以生活为本位的审美取向，是明末清初文人艺术家注重生活本体描述的时代特点。

以生活为本位，亦即深刻而不离当下，最后以一丝会心微笑为结尾，余韵无穷。

日用而脱俗，清淡而尊贵，低调而高洁，直率而思辨，立足于生活本位，肯定现世价值，以情趣作表象，以出世为标榜，以调和为基调，曼生壶铭的内涵外延不外乎此。

其次，我们对曼生壶的形制也进行一下解读。

陈曼生对壶形的探索与开拓，通常被概括为"曼生十八式"。十八固然是常见的虚指，"十八家"、"十八拍"、"十八摸"、"十八般武艺"、"十八罗汉"、"十八层地狱"、"十八相送"……无论雅俗，都以十八作为有限代替无限的虚指。

曼生壶式，考察下来并不只有十八式，证明了这一数字只是一种虚指。从目前可知的曼生壶式来看，有井栏、井栏提梁、石瓢、石銚提梁、合欢、合盘、台笠、葫芦、瓠瓜、半瓜、半瓢、扁石、果圆、周盘、汉方、乳鼎、瓦当、圆珠、百纳、吉直、觚棱、半瓦、传炉、四方、柱础、乳钉、合斗、春灯、天鸡、六方等等。

在一九三七年的《阳羡砂壶图考》中，曾列出了二十六件不同的曼生壶形。在今人谢瑞华著《宜兴陶器》中，又列出曼生十八式壶形，两相结合，共综合成三十四种曼生壶形。有学者记载，一九六三年上海文史馆龚怀希有一册《陶冶性灵》手稿，是以前鉴别和仿制曼生壶的底册。手稿为宣纸线装，封面上《陶冶性灵》为郭频迦所题。册中左页绘壶形，右页录壶名及铭文。最后记录："杨生彭年作茗壶廿种，小迂为之图，频迦曼生为之著铭为右，癸酉四月廿日记。"学者认为，不论这集手稿是否嘉庆十八年的真品，它记录的茶壶图形及壶名、铭文是极有价值的。

有学者将《陶冶性灵》中的二十个壶形与谢瑞华"十八式"及《阳羡砂壶图考》中的曼生壶形集于一纸，共得到三十八个曼生壶形。这也就是上述曼生壶形制名称的来源。

曼生壶形有不少是首创，如斗笠式等等，还有瓠瓜式这些从自然瓜果中而来的形式，都具有抽象还原的创作智慧，不同于所谓紫砂"花货"中的那种全盘仿制，体现了文人对于线条造型的高度概括能力。

清·杨彭年制陈曼生铭井阑壶
高8.7cm
铭：汲井匪深，挈瓶匪小，式饮庶几，永以为好。曼生铭
上海唐云原藏

我们无法一个一个来确认，在曼生壶式中，哪些确是曼生首创，哪些是曼生承传，但从传世的壶形资料来看，曼生对紫砂壶形制传统的确有着继承与发展的功绩。相比之前流行的以仿铜、锡、瓷壶器形为主的紫砂壶式，曼生壶将眼光投射到了一些人们熟视而无睹的领域，比如建筑构件之柱础、日杂用品斗笠、石铫及瓜果等。这可以说是美的发现，是发自自觉的创作。基于这些新的壶形，铭文及联想也拓展了发挥的空间，紫砂壶艺术便在有限中追求无限。

陈曼生在紫砂壶形制上的探索是有着时代背景的，有着中国器物造型的体用观念和时代的审美眼光。与之可以对比研究的，便是古琴的形制。

古琴是中国文人喜爱的乐器，从东汉琴制定型以后，在隋唐便开始产生多样的形制。但尽管形制出现多样化，琴的主体结构永远遵循着乐器性能所需要的基本构造。由于文人和而不同的个群关系与个性需要，古琴的形制也丰富多彩。有仲尼、伏羲、神农、连珠、正合、灵机、响泉、凤势、列子、伶官、师旷、亚额、落霞、蕉叶、中和等多种形制。在南宋田芝翁所辑《太古遗音》中，就绘有三十八种琴式。

从明初到清中期，是古琴艺术的辉煌时期。古琴形制中的"蕉叶"和"中和"，便是明代产生的两款著名的

琴式。"蕉叶"琴式据说是明初刘伯温所创，琴体模仿芭蕉叶，妙在神似，高明的制作者并不全盘将蕉叶模仿在琴体上，拙劣的仿作者则将茎脉全盘照收。这种艺术手法，与曼生壶中的葫芦、瓠瓜、半瓜有着相同的审美理念和创作手法。

"中和"琴式则是明末第二代潞藩朱常淓亲自设计并制作的。"中和"琴式因此也称作"潞琴"。潞琴制作精良，每一张都有编号，在明后期，潞琴就十分名贵，崇祯帝就经常把潞琴视作厚赐恩赏给诸王。中和琴在四方的琴额两角上各切去一小角，形成桥栏形，又将琴的腰线变圆为方，这使得琴体呈现方正、耿直、厚重的体态。加上每床潞琴都有编号，使人联想到有编号的曼生壶是否有尊贵难得的暗示。

古琴是文人历来尊崇的高雅乐器，具有清高脱俗的意象，同时也是一件实用的古董，这些因素与紫砂壶的实用而超脱有着异曲同工之妙。文人创制的古琴形制，同样也与曼生壶式异曲同工。文人审美那种在抽象与具象之间的把握在这里发挥到了极致。

铭文、形制之外，曼生壶的壶身装饰也值得我们重视。

曼生壶对紫砂壶艺术做出了自觉的探索，既有重大的突破，也发现了某些艺术手法上的局限，比如壶上不宜刻山水这一条，没有沉潜往复、从容含玩的实践经验，是说不出这一真知灼见的。

紫砂壶身的装饰，有图案、铭文、款识，其完成方式，有刻划，也有泥绘、镶嵌等等。曼生壶的装饰，主要以刻划铭文为主。

紫砂材质以紫红色为主，类似于铜铁与碑材，有着深厚金石学养的陈曼生，自然不会放过这样宜于刻字的题材。当壶铭完成后，紫砂壶便又多出一项可供把玩的意趣。

曼生壶铭的字体，有楷、行、隶，又以行楷为多。行楷较隶、篆活泼，又比草书庄重，而且由于更能体现洒脱随意的笔意，人人皆识，因此又比篆、隶亲切自然，而篆隶虽然图案装饰性强但抒发性情方面不够。这也许就是紫砂壶铭多以行楷为字的原因。陈曼生的壶铭书法将这种选择应用在壶上，产生了画龙点睛的效果。

在铭文于壶身的位置、行文的疏密、字体的大小上，作为篆刻家的陈曼生也可谓是得心应手，正中下怀。

陈曼生的书法素重碑学。清人蒋宝龄的《墨林今话》称："曼生酷嗜摩崖碑版，行楷古雅有法度，篆刻得之款识为多，精严古宕，人莫能及。"

铭文以外，曼生壶还因某些特殊的壶式选择了相应的装饰，如飞鸿延年壶，在壶底做了凤纹瓦当的图案，在四方壶上，引用了汉砖"永建"年号砖铭。这些装饰虽然是照抄不误，但因与壶式结合一体，也成为经典的文房造型，让熟悉此类秦砖汉瓦的文人一看便能爱不释手。

此外，曼生壶竟鲜有山水入壶者。其原因颇耐寻味。中国书法是高度抽象的线条，既可欣赏其中的"笔意"，又可欣赏其整体的章法。在色泽深沉的紫砂壶上寻找装饰，必须要考虑到壶体色泽深沉这一"底色"条件的限制。陈曼生等文人接触到的碑刻拓本，便是黑底白字，而传世青铜器上的铭文，也是在深沉的底色上示人，这是他们欣赏习惯的熏习所致。但绘画则不同，需要区别

清·箸笠壶（仿曼生铭）及铭文拓本
铭：笠荫暍，茶去渴，是二是一，我佛无说。
戊寅秋七月友几铭
奥兰田《茗壶图录》"卧龙先生"壶

对待。如果是逸笔草草的小写意，一枝梅，一丛兰，则仍然简洁如字，易于从紫砂壶体显现出主次分明的层次，既能欣赏其笔意，又不破坏壶体本身的质感与形态美。而山水画则难以在壶上出彩。壶不宜山水的禁律，也许正是与壶的形体特点与深沉底色有关。中国水墨山水以白纸为底色，以墨色深浅及各种笔法分出层次，而在紫砂壶上，即使是如高手在扇面作画一般那样克服壶形的局限，也难以解决刻划后底色与画笔色泽相同的矛盾。这种色彩的同一，让欣赏者难以将山水画的虚实变化读出，这是材质所决定的，非强求可以胜任。其次，山水

明·黄花梨灯挂椅
座51×41cm，座高46.5cm，
通高107cm
王世襄《明式家具研究》

画画心所需要的"天"与"地"，难以在有盖有底、色泽统一的紫砂壶上进行切割，这与扇面又有所不同，也许这也是山水不宜的原因之一。我们从这几点上，可以发现，紫砂壶上如果必须装饰以山水画，反而是泥绘胜于刻划。

反之，书法则不受这一局限，铭文易于多数人接受，除了铭刻文化的影响外，显然也受到陈曼生们的碑拓欣赏习惯这一审美定势的影响。

综上所述，解读曼生壶，不妨可以形成这样一种认知，曼生壶的产生，是紫砂壶产生的历史脉络的延续，是文人参与紫砂壶艺术的杰出成果，是紫砂壶艺术在中国艺术轨道中必然达到的人文高度，也成为中国茶文化向高文化演进的重要里程碑。

因此，曼生壶从"捏制"到"把玩"，是一个集设计、制作、传唱、吟诵于一体的文化活动，"把玩"之余，其艺术价值和经济价值也在不断增值。这种增值又将雅文化的影响扩大到俗文化，带动紫砂壶艺术的多层次发展，虽并非都能达到曼生壶的艺术高度，却在很大程度上归功于曼生壶的成就，这是很值得今人研究的。

不失神采 但得精妙

——从唐寅《临韩熙载夜宴图》看明式家具

"江南第一风流才子"唐寅（1470～1523），字子畏、伯虎，号六如居士，吴县人，与文徵明同年。唐寅出生在商人家庭，从小接触社会，养成开放、热情的性格。29岁时赴南京乡试得第一，常以之为荣事。但因结伴同乡徐经赴京考试行贿买题事发，连累唐寅，饱受折辱，从此与官场绝了缘分，于是放纵和沉迷于繁华都市的声色之乐，借狂放不羁之行为来释放其心中的积郁。

唐寅凭着自己书法与文学的扎实功底，将吴门画家诸家之长融于一炉，将文人画的长处发挥得淋漓尽致。既有很强的造型能力，又讲究笔墨情趣，既从造化中来，又表现主观的感觉和笔墨的蕴藉，真正做到雅俗共赏、独树一帜。他在文人云集的商业都市苏州的生活环境中表现得游刃有余，将旧题材画出新意境，使文人画既画出了不食人间烟火、托物寓情的傲气，又融入世俗生活和商业都市的万象之中。

唐伯虎一生可谓坎坷，饱经风霜，是一位看透世情的"六如居士"。是一位"诗、书、画"皆精的旷世才子。大家熟悉的是他的书

明·唐寅《落花诗册》
行书，纵23.5cm，
横445cm
苏州市博物馆藏

画，其实，他也是一个语言优美而伤感的诗人。除此之外，我们还可以说他是一位明式家具的设计大师。

处在封建社会后期的明朝，文人这一群体的处境确实很微妙。在入世与出世之间的徘徊和煎熬，迫使他们一旦在政治道路上不得志，便竭力要把自己的思想和才能寻求其他通道来表现。这种表现有出于无奈的，因为"天生我才必有用"，这个搞不成就搞那个；但也有的是出于这些文化人骨子里的底蕴和深爱，不管在何种情况下，就是喜爱，就是追求，就是要做到极致，由此表现出自己的个性。如果说前一种还有些是另找出路的话，那后一种就完全是主动呈现了。固然，这两者没有很明显的分野，但有着明确的主观倾向性。基于对生命所持根本且现实的认识，使得他们在对生活美的发现、创造和享受中，较主动地表达对美的自然追求，并充分利用自己的文化底蕴，创建新的艺术创作平台。

生活在桃花坞桃花丛中的唐解元充满着对生命中美的追求和创造，又是浸泡在人间天堂的水乡姑苏城中，所以他是不安"本分"的，哪怕就是在重画古代画作的过程里，也要来表现一番了。

相传为五代顾闳中所画的《韩熙载夜宴图》，描述了当时的大臣韩熙载从北方归南唐，因其才识过人，唐后主想用他抗宋，但又心存疑虑。韩熙载深知后主之心，既不愿意承担失败的责任，又显示自己毫无野心，就在家夜夜宴饮，纵情声色，以保全自己。后主派著名人物画家、翰林待诏顾闳中潜入韩熙载府第，目识心记、绘成画图呈阅。

　　韩熙载何许人也?《韩熙载夜宴图》又说明了什么? 唐末，国力衰败，各地纷纷割据，形成"五代十国"的分裂状况。南唐，在当时处江南一带，物产丰富、战乱较少，并依靠淮盐和徽茶的利益充实国库，可以说是相当富足。先主李昇、中主李璟和后主李煜都是"风流绝代"的词人，但又是无力治国的君主。在北方大军的压力下，一面奉送淮北盐物财源，一面俯首称臣。而内部，

宋·顾闳中《韩熙载夜宴图》摹本（局部）
绢本，设色
纵28.7cm，横335.5cm
故宫博物院藏

却相互倾轧，相互猜疑，矛盾十分尖锐。此时，山东青州少年进士韩熙载，因父亲韩嗣被北方外族所杀，便扮作商人，投奔南唐吴地。先主李昇为表示礼贤下士，便收容了韩熙载。当时韩熙载投奔江南的初衷是替死去的父亲报仇，打回中原去。韩熙载才华横溢，"书命典雅，有元和之风"，在南唐统治阶层中受到排挤。韩熙载面对"输了一半"的南唐，和无力回天的后主——写出"问君能有几多愁，恰似一江春水向东流"词句的李煜，觉得自己"长驱以定中原"的雄心化为泡影。韩熙载投靠南

唐无所作为，想回北方，又不受欢迎，就表现得更为疏狂放荡。有史书记载，他"家无余财"全为自己挥霍享用，单养女乐工就达四十多人。韩熙载常常拿着一把独弦琴，到歌姬住的院子弹唱为乐。他的朋友问韩熙载为何如此纵情声色，韩熙载回答："是为了躲开皇帝要我做宰相。"据《五代史》上说，李煜多次想用韩熙载做宰相，但又觉得他整日沉湎于荒唐的宴乐实在不够条件。为此，特派了身边的待诏顾闳中等到韩熙载的家里，窥其樽俎灯酒间，到底在干些什么。

不管《韩熙载夜宴图》创作目的如何，但画的艺术水准和绘画表现手法是极高的。北京奥运会期间，我有机会在故宫武英殿再次观看了展出的《韩熙载夜宴图》，其风采依然。这一幅画可分为五段，展现了韩熙载夜宴的整个景况。从宴后教坊副使李嘉明的妹妹正在弹奏琵琶开始，宴乐开始，围观的主宾全神贯注，通过形象大小和色彩的区别，映衬韩熙载的主人地位；接着是宴舞，韩熙载为舞"六幺"的歌伎王屋山击鼓，女子应拍起舞的身姿，观者或击掌，或打板，反映了紧扣音乐节奏舞蹈的过程。至宴会时，琵琶收起，韩熙载坐在床边洗手，显出醉后困倦之状。接着，韩熙载更换衣服，敞胸露肚，与舞伎、歌女谈话，似小憩而起，而击板者与六位吹奏管乐者正齐奏宴乐。最后为曲终，宴散人去，宾客之间依依惜别。韩熙载右手拿着鼓槌，左臂挥手致意，俨然是整个夜宴的主人。画卷虽分五个部分，但相互之间联系自然、节奏自如、协调完整，主宾之间、歌舞伎之间、表演者和观众之间的关系一目了然，交代清楚，充分表现了主人韩熙载士大夫的气宇不凡但略带懒散的神态，不经意的外表反映了内心的复杂活动，通过音乐和手、眼的呼应，使主人进入空冥散淡的境界。为了突出主题，作者在人物的处理上为画面的主题和效果服务，突出主人翁，其他宾主、歌伎画得较少。在床、椅、屏风、乐器等物件之处理上，手法简练，巧妙地起到了画面分段和情况布置的作用。应该说此画将人物造型、情节表达和主人翁的复杂心境表现得极为传神、生动，是一幅不可多得的具有深刻主题思想和杰出艺术成就的古代人物画，为历代文人墨客所顶礼膜拜，有不少人临画描摹。

众所周知，凡临前人画卷都是一招一式忠于原作。然唐寅所临《韩熙载夜宴图》，却是他在"忠于原作，不失神采笔踪"的前提下，作了适当改动，以自己的才情对原作进行了再创作，真可谓锦上添花，既保持了原画主题，又增强了原作的艺术感染力。

唐寅在改动过程中，最夺人眼球的是在他的再创作中对画中家具进行了重新布置，增绘了不少家具，充分表现了唐寅对家具设计、创意的非凡才能，也折射出在唐寅所处的时代——明代繁华都市的知识分子、士大夫阶级对苏州明式家具的推崇达到了无以复加的程度，连唐寅临摹古画都敢于"画蛇添足"了，以至于把他心中的"明式"家具都添置在所临的古代名画之中。

在"宴后"段落中唐寅增绘了一个大折屏，屏的左方加绘了一张方桌，屏的右方加绘了一个座屏，使画面比原画的可视性更强，更有生活味道。

"宴乐"段落中没有增添家具，但条案的枨子明显作了变化，显得苏州"味儿"更浓，家具的文人气质明显带有明式家具特征。

在"宴舞"段的画面中，唐寅在画中主人翁的身后加绘了一张条案和一小插屏，在长案后加绘了长桌，并

明·唐寅《临韩熙载夜宴图》（局部）
长卷，绢本，设色
纵30.8cm，横547.8cm
重庆市博物馆藏

吴门唐寅

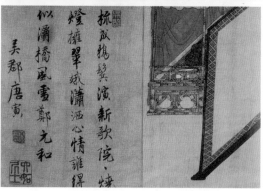

在其右下方增绘了一前屏，使家具与画中主人相互生辉，主人翁形象更加生动。

"小憩"段的画面，唐寅增绘了折屏、座屏和月牙凳，画面生活气息浓厚。"闻笛"段，加了大折屏和锦缎前障。"曲终"后又加了两座折屏和一张桌、一张斑竹架子床，使得画面造型别致，人物栩栩如生，韩熙载独自沉思的情状跃然纸上。在这段画面中唐寅所绘的斑竹架子床，造型简练、比例匀称，是精心设计和加画的家具精品。再如"宴乐"中的椅子，唐寅将原作椅下的双枨移至上端并改成单枨，于细微处表现出其个人对家具制作工艺的谙熟于心和极高的审美情趣。

唐寅在整卷画的临摹再创作中，除原作中二十多件家具外，又根据自己对苏州明式家具的爱好、独具匠心地增绘了二十多件家具，种类涉及桌、案、凳、屏等，仅凳就有方凳、腰凳、绣墩；屏有座屏、折屏和前障，且陈设适宜、布局合理。不仅起到了对原作的烘托作用，而且充分反映了唐寅对明式家具款式、布局的体察入微、熟知有素。据史书记载，唐寅对家具用材和家具材质的色泽也十分讲究，曾记关于"柘木椅用粉檀子土黄烟墨合"的色彩标准。柘木，是属桑树类，材质密致坚韧，近似栗壳色，沉着而不艳丽，明泽而不灰暗。可见他对家具色相的考究程度。作为画家、文学艺术家又对家具制作工艺如此独具匠心，这在中国绘画史上是罕见的。

艺术是相通的，但这需要有一根"红线"将其串联，才能融会贯通，相得益彰。对生活的热爱，对美的发现、创造和鉴赏，综合反映了唐寅这样的文人的情怀。这是一种积极的也比较纯真的精神面貌，由此透露出其文人的品格。文人情怀是通过精神来体现、以品格作为支撑

明·黄花梨升降式灯台
高122cm，纵21.9cm，
横42.5cm
攻玉山房藏

的。由于这根红线的串联，不同门类的艺术创作在他们的调制中水乳交融，溢焕异彩。

唐寅在他创作的《琴棋书画人物屏》中，通过描写明代文人的书斋，全景式地展现了明代文人的生活环境、居室陈列。画中所描画的屏风、斑竹椅、香几、榻等三十余种各式明式家具，不仅反映了明代文化人对家具的爱好程度，同时也将唐寅在家具设计、构造方面的才华表现得淋漓尽致。

画家在他们的画作中绘上家具，原本是画作内容的需要，画家创作的初衷并无为家具作史志的意图。但恰恰是这些画作，给我们留下了不少家具史资料。

由于各种原因，明清以前的家具流传下来的实物甚少，有的只是明器，因此这些出现在宋代绘画中的家具信息就弥足珍贵，我们也因此能够发现明式家具与宋元家具之间的继承关系。

在存世的宋画中，出现了许多家具，例如：

交椅。宋画《蕉荫击球图》中出现。

藤墩。宋画《五学士图》中出现。

高桌、方凳。南宋马远《西园雅集》中出现。

榻和足承。宋画《槐荫消夏图》中出现。

圈椅。南宋刘松年《会昌九老图》中出现。

桌、凳。宋张择端《清明上河图》中出现。

榻、长方桌、扶手椅、方凳。宋《十八学士图》中出现。

课桌、椅、凳。宋画《村童闹学图》中出现。

此外，在河南禹县宋墓还出土有灯挂椅（明器）。

在明代，苏作家具已成为宫廷及达官贵人使用的奢侈品。苏作明式家具沿大运河北上运至通州，然后抵达宫廷及达官贵人的宅院。明代大运河的漕运是国家经济的命脉，过关过卡导致运价抬升，因此苏作的黄花梨家具运达北京后会价格奇昂。据资料记载，一对黄花梨的面条柜，几乎要费千两白银，相当于当时一座四合院的价钱。苏作家具在当时如此受人推崇，难怪乎在描绘文人精雅生活的场面时会时常出现。

明式家具何以在中国家具史上独步巅峰呢？其传承与发展，是否有规律可循？明式家具达到的工艺及艺术高度，是否与文人的审美有着确切的关系？这是我们关注唐寅与明式家具的目的所在。

宋代是我国家具史上的重要转折时期，席地而坐在此转变为垂足而坐。高型坐具随着垂足坐的习俗，影响渐渐深入和扩大。宋代，高型家具得到了极大发展，不仅仅是椅、凳等高型坐具，其他如高桌、高几等品种也不断丰富。

宋代家具与唐代家具所欣赏的浑圆厚重不同，在造型结构上发生了显著的变化。首先是梁柱式的框架结构代替了隋唐流行的箱形壶门结构。其次，装饰性的线脚大量地出现，此外，桌面出现了束腰，足除了方形和圆形以外，还出现了马蹄形。这样，就完成了化圆为方、方中又不失圆润的线形架构，这种简素空灵之气，直接影响到了明式家具的制作。

到了元代，家具的功能与线条出现了新的发展。一是罗锅枨的大量应用。在山西洪洞广胜寺元代壁画上出现了罗锅枨桌子，这是有关罗锅枨较早的记录。其次是出现了霸王枨。在元人所绘《消夏图》中的一张高桌下出现了与明代流行的霸王枨极为相似的构件。

从唐宋家具到明式家具的这一线型变化，也能从书法的结体及线型的发展中得到印证，而书法，历来是文人阶层的基本素养，从中我们不难得到异质同构的中国艺术发展规律。

我们不难发现，明式家具这种矩形体方中带圆的线型结构，与端庄柔韧的小篆十分接近。

中国文字从甲骨到大篆，再到小篆，然后分别向隶、草、楷发展。从形态结构上讲，与家具形态最为相近的是大篆与小篆。而从大篆到小篆，再到隶书，其线条是经历了由圆而方的转变过程。从石鼓文、金文到斯篆再到隶书，可以清晰地发现这一线条及结构的转变过程。其中的小篆，恰恰是结体匀称、方中带圆的代表。

家具虽然是一种立体三维的用具，但在其多面构图中，正视图是结构的重要块面。我们从唐宋家具正视图线条由圆而方的转变中，可以发现这一审美的变化。

虽然这一审美的变化并不可能与汉字形体的发展完全对应，但仍能反映出审美历史的大致走向。

明式家具继承了宋元家具的优秀传统，达到了中国

明·直棂围子玫瑰椅
王世襄《明式家具研究》

家具制造的巅峰。处于这样的家具制作巅峰时代的唐寅，自然与当时的家具关系密切。在摹画"夜宴图"时，他不仅将原画中的古代家具加以改造，同时还添进了不少明代家具，这不但显示了他对家具的熟悉程度与喜爱程度，同时也显示出文人对世俗生活的眷恋与依赖，体现了十足的"市隐"心态。

从画面上讲，唐寅增设家具本身是继承了宋代绘画对生活情趣细致描摹的传统，同时也体现出他对原作的批评。这种批评通过他的再创作传达给我们：原作以宴乐歌舞为中心，而家具等居室空间所必备的内容表现得

明·仇英《汉宫春晓图》"演乐"（局部）
绢本，设色
纵30.6cm，横574.1cm
台北故宫博物院藏

不够完整，为了弥补这一缺憾，唐寅似乎将夜宴改为了午宴，把夜宴中看着不完整的家具来了一个印象式的大曝光。我们不妨这么认为，这或许就是唐寅对他所经历的夜宴生活的借题还原，这种奢华的场面在写实的手法下传递着盛宴进行的信息，与明代的享乐风气十分吻合。唐寅刻意增加的东西，正是他个人的审美需要。

这种审美需要，与当时苏州地区高度发展的文化艺术环境有着密切的关系。明代绘画史上著名的吴门画派的代表人物沈周、文徵明、仇英和唐寅都曾在苏州生活过很长时间。

当时云集在苏州的文人对家具的钟情确实是空前的，如与唐寅齐名的明四家之一的仇英仇十洲，对家具也情有独钟。仇英人物仕女画代表力作之一《汉宫春晓图》所描绘的是汉时宫廷的嫔妃生活场景，众所周知，汉朝仍处于席地而坐的时期，时人所用的家具也都是低矮家

明·铁力木四出头素官帽椅
通高116cm，座高52.8cm，
横74cm，纵60.5cm
王世襄《明式家具研究》

具。但画中所展示的景物，特别是家具是典型的明式家具。如画中"演乐"段中的明式高型条桌，画家描摹得极为精致、惟妙惟肖。

明四家之一文徵明曾孙文震亨是明代大学士，其所著的《长物志》中记有一件具有保健功能的家具滚凳，用乌木做成，长二尺宽六寸，用四程镶成，中间有一竖挡，一般为文人书房中在书案下所用，用脚踏轴，来回运作可起活血化瘀的功效，至今仍然沿用。

与其他朝代相比，唐寅、仇英、文震亨等文人雅士对家具的关注与参与程度，可谓到了一个登峰造极的地步。文人关注家具、参与家具设计的先例自汉朝以来时有所见，但大都属零星、琐碎，并没有对家具的制作产生很大的影响。而明代文人在这方面是最为活跃和最为集中的。其参与家具设计之多，阐述家具理论之深刻是任何一个朝代都不能比拟的。而且，这还不是个别的现象，而是一个群体现象。

今天，我们从明式家具的种类上，可以发现许多家具与爱好书画的文人有关，或者说许多家具是文人专用的家具。这些家具，是文人精神生活、艺术活动所必须依赖的物质世界。

明代北京提督工部御匠司司正午荣曾经汇编过一本《鲁班经》，是属于明朝官方编汇的木工经典。这本书中的家具部分收入了三十多种家具，其中的交椅、学士灯挂椅、禅椅、琴椅、脚凳、一字桌、圆桌、棋盘桌、屏、几、花架等等正是出现在明代文人绘画中的文人生活必备的家具品种。

除了这些家具，再加上书画用的画案、展读长卷的翘头几，以及放置尊彝等青铜器的台几（《长物志》）、书房中安放香炉的香几及安置熏炉、香盒、书卷的靠几（《遵生八笺》）、"列炉焚香置瓶插花以供清赏"的叠桌（《游具雅编》）、"可容万卷，愈阔愈古"的藏书橱和"以置古铜玉小器为宜"的小橱（《长物志》）、"坐卧依凭，无不便适，燕衎之暇，以之展经史，阅书画，陈鼎彝，罗肴核，施枕簟，何施不可"的几榻（《长物志》）、轻便易于搬动可"醉卧偃仰观书并花下卧赏"的藤竹"欹床"（《遵生八笺》）。这些家具品种的设计与改造，或多或少是基于文人特殊的使用需求。只要这一需求存在，便会对家具的制作进行干预。宋代被称为是中国古代文化的极致，"华夏民族之文化，历数千载之演进，造极于赵宋之世。"（陈寅恪语）有史可考的文人参与家具制作实例也出于宋代。假托为北宋文人黄伯思所著、成书于南宋绍熙五年（1194）的《燕几图》，是中国第一本关于家具设计的专著。在这本书里，作者设计了一组可搭配成不同台型的桌子，堪称现代组合家具的鼻祖。这组桌子共能变化为二十五种体、七十六种格局。每种格局均

明·黄花梨夹头榫画案
高81.3cm，长137.5cm，
宽81.3cm
攻玉山房藏

有名称，如"屏山"、"回文"、"瑶池"等，在布局的空白处摆上烛台、香几，则形成不同的空间，体现了文人风雅生活对家具组合的创意。

而明代文人参与家具设计的实例，就更为丰富了。

明代常熟画家戈汕于万历丁巳年（1617）著有《蝶几图》，设计了一组"随意增损，聚散咸宜"、可按需要随意搭配为多种组合的桌子，类似儿童的七巧板，可得出八大类、一百三十多种格局，以适应文人集会时的多种需要。

与之类似的是无名氏所作《匡几图》，虽无年代可考但有异曲同工之妙。其设计形如博古架，各种大小的矩体结于一体，空间疏密有致，板材虽薄但榫卯精密。巧妙处在于拆卸之后所有匡板正好匡匡相套集于一匣。

对于这三种"几"，学者朱启钤认为："燕几用方体以平直胜，纵之横之，宜于大厦深堂；蝶几用三角形以折叠胜，犄之角之，宜于曲栏斗室；匡几以委宛胜，小之可入巾箱，广之可庋万卷，若置于燕几之上，蝶几之旁，又可罗古器供博览，卷之舒之无不如意，三者合而功用益宏。"

此外，以《玉簪记》闻名的明代戏曲家高濂在《遵生八笺》中设计了冬夏两用的"二宜床"，此床"四时插花，人作花伴，清芬满床，卧之神爽意快"。

明代戏曲家、文学家屠隆在他所著《考槃余事》中收入了几种专为郊游设计的轻便家具如叠桌和衣匣、提盒等用具，还设计了一种竹木制作的榻，"置于高斋，可作午睡，梦寐中如在潇湘洞庭之野"。

明代戏曲家李渔在他的《闲情偶记》中设计了凉杌和暖椅。凉杌的杌面是空的，内设空匣，"先汲凉水贮杌内，以瓦盖之，务使下面着水，其冷如冰，热复换水……"可降低室内气温，如同空调。暖椅则是一张经改造的书台，桌底设一抽屉，可烧木炭，四面围合后一半身体可纳于桌内取暖，桌面也能保持暖和，冬日使用，不至于受寒，而且费炭极少。"此椅之妙，全在安抽替（屉）于脚栅之下。只此一物，御尽奇寒，使五官四肢均受其利而弗觉。"而且便于外出使用，只需加几根横杠，便可抬了就走。

琴桌也是文房家具的一类。明代《格古要论》的作者曹明仲认为琴桌"须用维摩样……桌面用郭公砖最佳……如用木桌，须用坚木，厚一寸许则好，再三加灰漆，以黑光为妙"。今人陈梦家原藏的一张明代琴桌，桌体暗藏共鸣箱，箱内还设计有共振弹簧，以利古琴发声，这种设计且不论是否有共鸣效果，也充分体现出明代文人对文房家具的特殊要求以及参与设计的热情。

也正是有如此众多的文人踊跃地参与家具的设计制作，为明代家具的形成和中国家具艺术的辉煌成就注入了强大的生命力。

笔者曾去苏州参观由美国著名建筑大师贝聿铭设计的苏州博物馆，其中有一个展室专门介绍苏州的明式家具，是根据文徵明后人晚明大学士文震亨的经典著作《长物志》对明代读书人书房用具所做的描摹而陈列的。文震亨认为，读书人用的书桌，"中心取阔大、四周镶边，阔仅半寸许、足稍矮而细，则其制自古。凡狭长混角诸俗式，皆不可用，漆者犹俗。"又如椅子，以"木镶大理石者，最称贵重"，且宜矮不宜高，宜阔不宜狭。至于材料，以花梨、铁梨、香柳为佳。而几榻则"坐卧依凭、无所不适，燕衎之暇，以之展经史、阅书画、陈鼎彝、罗肴核、施枕簟，何施不可"。这是何等的消闲安逸，呈现出十足的雅士气派。但苏州博物馆所展示家具全为新作，依葫芦画瓢按书中所云加以展示，没有一点古意，根本不能与上海博物馆家具厅展览的王世襄、朱家溍所藏家具相比，实为遗憾！

明时苏州，为全国最繁荣、手工业最发达、优秀工匠最集中的地方。明张岱《陶庵梦忆》记载："吴中绝技，陆子冈之治玉，鲍天成之治犀，周柱之治嵌镶，赵良璧之治梳，朱碧山之治金银，马勋、荷叶李之治扇，张寄修之治琴，范昆白之治三弦子，俱可上下百年，保无敌手。"就家具而言，苏州制造花梨家具和红木小件的一代名匠就有江春波、鲍天成、邬四、袁有竹等人，可谓是天下良工尽在吴中。苏制明式家具影响全国，连北京紫禁城也关注吴地苏州花梨家具。更为令人称奇的是，在明代苏州，有一大批文化名人在倦于科举、失意官场、优游山林之时，又热衷于家具工艺的研究和家具审美情趣的探求。他们在玩赏收藏、著书绘画之余，在盘亘于崇尚简约、疏朗、雅致、天然的苏州私家庭园之际，在观赏优美、典雅、悦耳的昆剧艺术

流云槎

明·天然木根流云槎及铭文拓本
通高86.5cm，横257cm，
进深320cm
铭文："流云，赵宦光书"
北京故宫博物院藏

周公瑕坐具铭文："无事此静坐，一日如两日，若活七十年，便是百四十。戊辰冬日周天球书"

之时，又积极参与家具的设计和制作，并将文人内心的审美影像物质化，赋予园林居室、家具陈设以文人的气息特质。他们所做的家具，常常借物抒情，把起居使用的家具当成端砚来雕刻、当成田黄来铭记、当成宣纸来书写。明时文人墨客在苏式家具上寄托才情、抒发胸臆，上文所述的唐寅、仇英、文震亨就是典型的代表人物。

这真是天时、地利、人和造就的结果。对生活的热爱和对艺术的钟情，将世俗与高雅通过人最本质的需求结合在一起，实用性与艺术性完美地相融，意象和实象由文人情怀、情意款款联结，艺术的泛化达到了那么顺畅的展开和结果！

除此之外，我们还可以从现在流传下来的古典家具珍品中看出当时文人骚客的遗风旧迹。现藏于故宫博物院的"流云槎"是一件闻名遐迩的天然木家具，是明弘治间状元、以善音乐闻名的康海的故物，原藏于扬州康山草堂，因赵宧光题"流云"而得铭。董其昌、陈继儒又先后题铭，董其昌云："散木无文章，直木忌先伐……"陈继儒题曰："搜土骨，剔松皮。九苞九地，藏将翱将。翔书云乡，瑞星化木告吉祥。"因此名震海内外。

再如文徵明的弟子周天球，有一具紫檀椅子，《清仪阁杂咏》中记载为："周公瑕坐具，紫檀木，通高三尺二寸，纵一尺三寸，横一尺五寸八分，倚板镌：无事此静坐，一日如两日，若活七十年，便是百四十。戊辰冬日周天球书。印二，一曰周公瑕氏，一曰止园居士。"

祝枝山、文徵明在椅背上书写诗文的两把官帽椅也是存世的实物。其中一具的条板上刻有"是日也，天朗

明·六柱带门围子架子床
高205.5cm，横214cm，
进深126cm
攻玉山房藏

气清，惠风和畅……暂得于己，快然自足"约百字。落款"丙戌十月望日书，枝山樵人祝允明"，具印为"祝允明印"、"希哲"。另一具条板上为文徵明所书"有门无剥啄，松影参差禽声上下煮苦茗之。弄笔窗间，随大小作数十字、展所藏法帖笔迹画卷纵观之"四十字，落款"徵明"，两印一为"文明印"一为"衡山"。

现藏于宁波天一阁的一对长案之石桌面上，也刻有吴地顾大典、莫是龙、张凤翼等人题记多处，云："数笔元晖水墨痕，眼前历历五洲村。云山烟树模糊里，梦魂经行古石门"，"群山出没白云中，烟树参差淡又浓。真意无穷看不厌，天边似有两三峰"，"云过郊区曙色分，乱山元气碧氤氲。白云满案从舒卷，难道不堪持寄君"。

不管上述几例历代文人题写家具是否得到考证，但当时文人喜欢在紫砂壶、明式家具上题诗画并铭刻确实有案可查，并时有佳话流传。直至今日，仍有不少文人学者好之。如著名书画家吴昌硕在其喜爱的红木插角屏背椅背上以大篆题铭"达人有作，振此颓风"，如红学家冯其庸，画家唐云、陆俨少等喜欢在宜兴紫砂壶上题诗铭句，使紫砂壶身价倍增。又如王世襄《锦灰二堆·壹卷》中"案铭三则"就记录了王世襄先生为画案作铭之事，并云："拙作三铭，乃游戏之作，原无足称道。今得以墨拓博得读者一哂，似略具古趣，视手书为胜。"此举可视为旧时文人遗风，风雅之举为时人称道，为后学者羡慕不已。

以上种种文人参与家具的制作、品题的例子，集中体现了中国传统文人所崇尚的生活情趣与审美观念。我们从那些明代文人学者的作品中，从唐寅、仇英等人的绘画中以及从明以来的古籍刻本的插图中，处处能见到文人墨客对明式家具做出的杰出贡献，并可从中体会出他们借此而抒发的文人情怀。

雅舍怡情　文案清供

——明清文人的别有洞天

　　苏轼《於潜僧绿筠轩》中有云："宁可食无肉,不可居无竹。"可见古人对居室环境的重视。对于明清两代江南文人雅士来说,居室内部的家具陈设比起外部环境或许更为重要,也最能反映明清文人的生活情状。可以说当时文人的闲情逸致,对明清家具高度审美化起到了关键的作用。日前,在孔夫子网购得《燕寝怡情》珂罗版画册,细细品鉴,趣味无穷,尤其是画册中呈现的家具陈设甚为考究,堪称古人雅舍怡情闲适之典范。

　　雅舍,在崇尚诗文才学、"学而优则仕"的古代中国,是文人雅士的精神家园。明代陈继儒《小窗幽记》如此描绘其理想中的家居生活:"琴筋自对,鹿豕为群,任彼世态之炎凉,从他人情之反复。家居苦事物之扰,惟田舍园亭,别是一番活计,焚香煮茗,把酒吟诗,不许胸中生冰炭;客寓多风雨之怀,独禅林道院,转添几种生机,染瀚挥毫,翻经问偈,肯教眼底逐风尘。茅斋独坐茶频煮,七碗后气爽神清,竹榻斜眠书漫抛,一枕余,心闲梦稳。"不单是陈继儒,每一位文人雅士都渴望有一方自己的天空,古色古香、典雅诗意的雅舍书房便是他们安身立命抑或安放心灵之所。一套书房家具,

黄花梨笔筒
直径13.5cm，高13.5cm
私人收藏

几件古玩字画，案头笔墨纸砚，闲来兴起，随性涂写赏玩。达则兼济天下，穷则独善其身，文人骚客的理想在这有限的空间里伸缩自如。灯下把玩清物，窗前吟风弄月，一案一椅，一屏一几，一花一草，一杯香茗，一炉沉香，"云烟落处，闲来听春草"的悠然之间，早已澄怀观道、静照忘求。"莫恋浮名，梦幻泡影有限；且寻乐事，风花雪月无穷"，这是一个文人梦想中的别有洞天。

在古代，书香门第，必有书房。书房是家中最高雅的所在，浓浓书卷气中，最能够自由释放心灵，也最无关功利。如果说大堂客厅关乎面子，雅舍书房则更关乎心灵。置身这方小天地，闭门即是深山，读书即是净土。长夜漫漫闻虫语，细雨霏霏闲开卷，微风徐徐独弄琴，这是雅舍书房最标准的场景。阅诗书、观锦绣之余，与友人吟诗作画、焚香品茗、执子对弈，也是雅舍之中常有的乐事。游走于书香墨韵之间，文人们或压抑或焦虑或愤懑的内心世界得以舒缓、平复，他们的才情得以自如地伸展、宣泄。

古往今来，文人的境遇不同，"雅舍"的样貌也千差万别，陋室与楼台，于文人而言都是不可或缺的心灵栖居地。居于雅舍之中，他们的精神世界才越发地充盈丰满。唐代刘禹锡得一雅舍，"斯是陋室"，即使外观与诸葛亮的茅庐类似，和村舍草屋无二，但因"惟吾德馨"，便可以"谈笑有鸿儒，往来无白丁"，足令主人自赏自傲，自得其乐。近代梁启超"今吾朝受命而夕饮冰，我其内热欤"，他在天津的书斋"饮冰室"即由此得名，这座西式小楼使身逢乱世的他得以安身于一隅，冷静思考，挥洒文章，致力于文化革新、开启民智，给时人以启迪。

对于雅舍的格局、陈设甚至细节，古代文人可谓竭尽铺陈之能事，明末清初张岱、李渔等大家对雅舍家具之陈设都有独到见解，并在他们的著述中多有描述。张岱在《陶庵梦忆》中收录两篇短文描述雅舍书屋的风貌：

> 陔萼楼后老屋倾圮，余筑基四尺，造书屋一大间。旁广耳室如纱幭，设卧榻。前后空地，后墙坛其趾，西瓜瓤大牡丹三株，花出墙上，岁满

黄花梨提盒
长15cm，宽8.5cm，高13cm
私人收藏

三百余朵。坛前西府二树，花时，积三尺香雪。前四壁稍高，对面砌石台，插太湖石数峰。西溪梅骨古劲，滇茶数茎，妖媚其旁。其旁梅根种西番莲，缠绕如缨络。窗外竹棚，密宝裹盖之。阶下翠草深三尺，秋海棠疏疏杂入。前后明窗，宝裹西府，渐作绿暗。余坐卧其中，非高流佳客，不得辄入。慕倪迂"清閟"，又以"云林秘阁"名之。（《梅花书屋》）

不二斋，高梧三丈，翠樾千重，墙西稍空，腊梅补之，但有绿天，暑气不到。后窗墙高于槛，方竹数竿，潇潇洒洒，郑子昭"满耳秋声"横披一幅。天光下射，望空视之，晶沁如玻璃、云母，坐者恒在清凉世界。图书四壁，充栋连床，鼎彝尊罍，不移而具。余于左设石床竹几，帷之纱幕，以障蚊虻，绿暗侵纱，照面成碧。夏日，建兰、茉莉芗泽浸人，沁入衣裾。重阳前后，移菊北窗下。菊盆五层，高下列之，颜色空明，天光晶映，如沉秋水。冬则梧叶落，腊梅开，暖日晒窗，红炉氍毹。以昆山石种水仙，列阶址。春时，四壁下皆山兰，槛前芍药半亩，多有异本。余解衣盘礴，寒暑未尝轻出，思之如在隔世。（《不二斋》）

张岱的这两则小品，用精妙细致的文字复原了旧时文人优雅洁净的居室环境。那个时代的士子对书房陈设的讲究大大超乎现代人的想象力。另外一位大家陈继儒在《小窗幽记》中以更为简练的文字来描述这个雅舍道场，即"净几明窗，一轴画，一囊琴，一只鹤，一瓯茶，一炉香，一部法帖；小园幽径，几丛花，几群鸟，几区亭，几拳石，几池水，几片闲云"而已，然道在其中也。

除了这些让人津津乐道的文字，一些文人画家也在自己的画作中有意无意地精心描绘雅舍的场景。《燕寝怡情》画册中的精美画图就形象地再现了旧时的古典雅舍，这是明清士大夫们怡然自得的自在道场。此图册原为清宫内府收藏，计十二开二十四幅，其扉页盖有"乾隆御览之宝"和"嘉庆御览之宝"两方钤印。画册一部分为吾乡望族无锡秦氏收藏，另外一部分流落海外，最终被美国波士顿美术馆收藏。秦氏第三十二世孙秦文锦在一九○四年创建艺苑真赏社时以珂罗版影印出版。秦氏收藏的十二幅画图被秦氏后人于二○一○年在上海拍卖，轰动一时。画册对明清时期皇亲国戚的家居生活作了全景式的展现，特别是对家具陈设作了细致入微的描摹，生动细腻，极为精致。

从旧藏珂罗版的画册中可以例举几幅，看其中的家具是何等的雅致精美，家具陈设与雅舍关系又处理得何等的协调妥帖。打开画册的第一幅画就是描绘雅舍的书房，主要陈设的家具为一书桌，一南官帽椅，一亮格书柜而已，画面中，一女子坐在南官帽椅上翻阅书桌上的图册，背后为高大书柜，至少有四至五格。前面为假山门廊，门廊的柱子上挂着一把古琴，右面是翠竹小园，极为清幽静穆。画册第十三幅画图所表现的应该是画室，图中有三位人物，画中男女人物坐的是三围罗汉床，床前是画案，男主人在画案上画扇面，画案后面，即在罗汉床的左边放着一张花几。画案的牙条是简练流畅的螭龙造型，足部为方马蹄型，画案的大体风格为清式。罗汉床为三屏式，围屏中间嵌的不是大理石板，应该是竹子图纹的浅刻画板。画案后面摆设的花几台面是大理石板，画案下方的踏脚是树根形制，随意而自然。罗汉床后面透过回型窗格能隐隐见到芭蕉树的形态，影影绰绰，摇曳生姿。

从上述例举的画册第一幅"书房"和第十三幅"画室"的家具陈设，可一窥古人雅舍陈设之究竟。家具形制大小高低错落有致，物件数量配制简约实用，家具与人物、环境的搭配也非常协调，从而构建起雅舍的独特空间和儒雅氛围。

除了古人的文字与画作，其实从苏州园林中也能看到不少这样的雅舍经典之作。如留园"揖峰轩"外石林小院内，幽径缭曲，几拳石，几丛花，清幽宁静。室内西窗外，峰石峋奇，微俯窥窗而亲人。西窗下，琴砖上有瑶琴一囊。北墙上，花卉画屏与尺幅花窗，两相对映成趣。花窗外，竹依于石，石依于竹，君子大人绝尘俗，

榉木高束腰几案
长70cm，宽46cm，高77.5cm

宛如白居易所谓"一片瑟瑟石，数竿青青竹。向我如有情，依然看不足"的意境。雅舍之雅尽在其内，高朋鸿儒出入其中，虽不绝世而如隔世也。

无论是张岱还是陈继儒，他们都以绮丽隽永的文笔描述自己心中的书房雅舍，尽情构筑文人雅士理想中的精神家园。所谓雅舍，是旧时读书人"夜眠人静后，早起鸟啼先"的圣地，在这里能临轩倚窗仰望星空，能穿透物欲横流的阴霾，远离尘世的狂躁，让思想与心灵超越粗糙与荒凉，享受"寂寞的欢愉"。他们在这安静美妙的空间里，找到了自信自尊和自我的人格归宿。上善如水，道在器中，身处其中，宛若置身心游象外的仙境道场。虽世事沧海，心无旁骛。

以硬木古典家具和精美书房用品为载体形式的雅舍文化，在功用上注重闲适诉求，亦即问雪月不避世俗，为历代文人骚客尽折腰。到了现代，雅舍书房对于文人雅士来说同样重要。对不少人来说，拥有自己理想的雅舍不再是梦想，不必再去感受"囊萤凿壁"的苦涩和艰辛。于是，越来越多的人开始拥有一间活色生香的书斋，总会在书斋中添置与之相匹配的书房家具，书案、书柜、花几、禅椅等；考虑书斋与房舍走廊及小园的空间组合，种竹栽树，摆花挂画，形成一种幽静、秀美、典雅的天地。

在个性空间日渐逼仄的当代，拥有一间属于自己的书房，与其说是一种物质的占有，毋宁说是为自身觅得一方精神苑囿。置身书房，可以隔绝纷扰的外界，释放

青花水盂红木底座
长21cm，宽21cm，高8cm
私人收藏

生存的压力，让自己的精神得以休憩，与中外先哲今贤心神交会，与自己的灵魂对话，萌生自己独立的思想。同时，作为重要而私密的社交场合，书房在现代人的工作生活中仍然承袭着传统，在清幽雅洁的书房里，二三好友，晤谈静坐，其乐何及。

对于现代人而言，追慕传统不是复古，更是传承基础上的时尚。现代人对家具和宅邸的追求，随着物质文明和精神文明的进化而不断演变。家具陈设和居所优劣不再拘执于一端，不求其贵但求其雅，不求其多但求其精，即所谓的"极简主义"已然成为一种时尚。但如何才能构筑一间理想的书房，在其中可读书吟诗，可研墨挥毫，可观云卷云舒光阴变幻，享受淡定自如、散漫闲逸的趣味，这样的雅舍不是有钱就能办到的，也不是想办就能实现的。概而言之，可以从四个方面进行考量。

一是融合中西。地球是平的，东西方文化的碰撞交融已渗透在现实生活的方方面面，而书房又是最有个性而私密的场所，"高大上"的西式家具固然光鲜，但显得过于生硬；成套的中式家具着实典雅，却流于呆板。有限空间，简约为上，不求一律，适合就好。如果在绵软的沙发间摆放一两张明式椅子，或于成套中式家具中配一张西式软椅，无论是质感对比，块面与线条的配合，东西方家具语言的对话会显得融会贯通，更有书卷气氛。推而广之，如果是雅舍小园，其造园布局也应秉承这个原则，小中见大，简约空灵，错位混搭，中西合璧。其实，西方中产阶层所推崇的所谓"极简主义"与中国文化人追求简朴的传统审美理念是相通的。

二是穿越古今。千百年来，中国传统文化的代表元素——诗、书、礼、仪、乐、茶、香、琴、花、剑等未曾有变，将这些古礼古道融入日常家居的设计和营构中，会产生意想不到的效果，营造出别样的文化氛围。当下，许多人将书房雅舍变成了附庸风雅的显摆。其家具陈列也成为身份与财富的符号，往往流于形式，雅舍不雅。硬邦邦的一堆硬木成品，冰冷而缺乏质感，尤其是内涵缺失，不仅缺失与时空的互动，更缺失内心的反省和心灵的自由。不妨以书房为修养的道场，将琴棋书画汇于一室，熏一席沉香，沏一壶好茶，或案头孤灯幽思，或丹青椽笔写意，或心怀天下寄畅，不论是低吟浅唱，还是长啸狂歌，境由心造，心生万物，如此这般，一间简

清·佚名
燕寝怡情图册十二开
美国波士顿美术博物馆藏

单甚至简陋的书房画室便不容小觑，"雨打梨花深闭门"，"六经勤向窗前读"，假以时日，竟能走出一位集"建安风骨、盛唐气象、少年精神、布衣情怀"于一身的才子也未可知。

三是回归本原。"室雅何须大，花香不在多"，所谓回归本原，就是要依据书房和家具的自然属性，利用自然色彩和案头植物，利用自然光照的变化，尽力摆脱电气化和工业化带来的冷漠和呆板，让有限的格局注入柔性的元素，追求回归自然的质朴。家具陈设特别要注意其"生态"之营造，一桌一椅、一几一案的摆放都要着眼于将沉静内敛和大气外放的气质和谐统一；声光电与通风透气、日光采照、温湿清洁度之间的关联等等，都应求得人居与"物居"的平衡，要让人的心理承受力与情绪外泄需要的空间平衡；关键在于书房家具与主人两相适应，主人之气场以平和为上，即所谓"风水"与"气场"要对路；雅舍书房的空间不宜过大，也不能有压迫感，需独处而不显孤单，声息吐纳更自由。高濂《高子书斋说》云："书斋宜明净，不可太敞，明净可爽心神，宏敞则伤目力。"以小见大，以虚为实，临窗借景，月夜光影，静谧空灵，一炷沉香，青烟袅袅，孤灯夜读，思绪绵绵。冬有梅花秋有菊，夏有荷花春有兰，四季变化，光阴时移，诸如此类都会给雅舍增添一份别样的情致。

四是道在其中。中国文化传统认为"形而上者谓之道，形而下者谓之器"，"君子不器"。我们说打造雅舍与家具不能做物的"俘虏"，要尊崇以人为本、天人合一的理念。任何有形之物如果没有无形的人文精神和内在规律作支撑，是没有生命力的。换句话说就是，"道"是器物的灵魂所在，无论是人还是物，只有"道在其中"才会令器物饱含生机，才会有生命和精神，才能有凌驾和超越器物本身的价值。老子《道德经》中说到"道可道，非常道，名可名，非常名"就是这个道理。所谓雅舍，主人不雅何谓其雅，主人不善何谓其善，所以，构建雅舍除追求书房器物之雅外更要依赖主人的文气与朴雅。唐代刘禹锡在《陋室铭》中所言极是："山不在高，有仙则名；水不在深，有龙则灵。斯是陋室，惟吾德馨。苔痕上阶绿，草色入帘青。谈笑有鸿儒，往来无白丁。可以调素琴，阅金经。无丝竹之乱耳，无案牍之劳形。南阳诸葛庐，西蜀子云亭。子曰：'何陋之有？'"雅舍何在？高洁傲岸、安贫乐道、修身怡情的雅士所在之处便是雅舍。

清供，是清雅供品之意，从字面上，就可以体悟到文人雅士对其抱有的深沉微妙的情感，既有摩挲把玩的贴近，更有氤氲其中的寄情幽怀。我们在考察明清文人的"雅舍"生活方式时，往往容易忽视几架、箱盒、屏风等文案清供的审美价值。实际上，这些微缩版的明式家具，更能将明式家具高超的制作技艺展现得淋漓尽致，可以说是精华中的精华，堪称极品。明式家具之所以为历代文人墨客所推崇，主要在于其文质彬彬的别样质地，而这种特质的形成，又与文人的鉴赏把玩关系很大，因此有"雅玩"之说。文案清供，作为旧时文人书房必备用品，正是文人雅士们燕闲生活的寄情雅玩。与文案清供相匹配的几架座托等，虽然形制不大，但制作精巧，尤为读书人所喜爱，在明式家具的制作上占据重要的一席之地。

文房清供的制作自汉代始，兴于唐宋，至明清更趋多样丰富，虽然年代不同，其形制和用途也有一些差别。但随着制作工艺的不断改进和完善，这种"斋中清供"也逐渐呈现出实用性与艺术性相得益彰的显著特点，成为文人墨客点缀书案、玩赏自娱的清供陈设，也成为他们心寄林泉，超凡脱俗人格精神的一种投射，是自然与自我在书斋中和谐共处的一种情感表征。

明末屠隆所著《考槃余事》中共列举了四十五种文具，集当时文房清玩之大全。文中例举"笔床"云："笔床之制，行世甚少。有古鎏金者，长六七寸，高寸二分，阔二寸余，如一架然，上可卧笔四矢，以此为式，用紫檀乌木为之，亦佳。"又例举"笔屏"云："有宋内府制方圆玉花板，用以镶屏插笔最宜。有大理旧石，方不盈尺，严状山高月小者、东山月上升者、万山春霭者，皆是天生，初非扭捏。以此为毛中书屏翰，似亦得所。蜀中有石，解开有小松形，松止高二寸，或三五十株，行列成径，描画所不及者，亦堪作屏，取极小名画或古人墨迹镶之，亦奇绝。"明代戏曲家高濂在他的《高子书斋说》对当时文人书斋的陈设有一番具体的描述："斋中长桌一，古砚一，旧古铜水注一，旧窑笔格一，斑竹笔筒一，旧窑笔洗一，糊斗一，

山子摆件
花梨木底座长15cm，
宽5.5cm，高2cm
私人收藏

水中丞一，铜石镇纸一。左置榻床一，榻下滚脚凳一，床头小几一，上置古铜花尊，或哥窑定瓶一，花时则插花盈瓶，以集香气；闲时置蒲石于上，收朝露以清目。或置鼎炉一，用烧印篆清香。冬置暖砚炉一。壁间挂古琴一，中置几一，如吴中云林几式佳。……或倭漆龛，或花梨木龛以居之。上用小石盆之一，或灵璧应石，将乐石，昆山石，大不过五六寸，而天然奇怪，透漏瘦削，无斧凿痕者为佳。……几外炉一，花瓶一，匙箸瓶一，香盒一，四者等差远甚，惟博雅者择之。"从上述描绘中，不难看出明代文人对书斋陈设构思之巧、用力之专、格调之雅。文房摆设要安妥得体，错落有致，以体现居舍主人的性情品格。正如明代另外一位文化大家李渔所说"安器置物者，务在纵横得当……使人入其户登其堂，见物物皆非苟设，事事具有深情。"明代大画家董其昌在其《骨董十三说》中也有论述："先治幽轩邃室，虽在城市，有山林之致。于风月晴和之际，扫地焚香，烹泉速客，与达人端士谈艺论道，于花月竹柏间盘桓久之。饭余晏坐，别设净几，辅以丹罽，袭以文锦，次第出其所藏，列而玩之。"由此可见，古人对书房家私设置，文案清供安排，居处环境营造，既要布局合理，疏朗有致，又要布置清雅，安适方便，达到看似不经意而处处经意的效果。

随着明代商品经济的繁荣和传统手工艺的发展，文房清供的制作种类更趋多样，工艺更为繁杂。明清之际，特别是长江以南的苏州、杭州地区市井繁华，商铺林立，充分的商业竞争催生了成熟的手工工艺。对于精美的文房清供，不仅文人墨客、巨贾豪客竞相追捧，朝廷上下更是推波助澜。清朝康雍乾三代，其清供制作规模之大、数量之巨、形制要求之高之精可谓空前绝后。如乾隆三十五年内廷档案"匣作"记载，所列配匣文具有"白玉佛手笔掭一件，（配木座）腰元洗，青花白地小水丞一件，青绿蛤蜊笔掭，青玉瓜式水丞，白玉双鱼洗，掐丝珐琅水注，霁红笔洗一件，青绿马镇纸，青花白墨罐一件，哥窑小笔洗一件，白玉合卺觚，配得合牌座样持进，交太监胡世杰，交淳化轩续入多宝格内摆"。由是可见，清代内廷文房清供均按不同功用分别命名，其质地种类多样，制作要求精奇。其中如笔筒、笔架、笔洗、砚屏、水丞、水注、墨床、镇纸，以及几案、官皮箱、多宝格和宝物箱等所有这些，一方面可供宫廷殿内陈设，另一方面也为宫廷上下实用而鉴藏，其蕴含的文化内涵和人文品位自然难以计量，加之宫廷制作，造型典雅，工艺精湛，其中凝聚了那个时代能工巧匠的聪明才智，确是让人叹为观止，称羡不已。

明代文房清供种类繁多，分类芜杂，有广义和狭义之分，广义可涵盖古人书房中所有的家具陈设，甚至张挂的书画。狭义的则主要是案头家具。如插屏式案屏，适宜放在书房桌案上，除了体积小，与大型座屏的构造别无二致。两个墩子上竖立柱，中嵌绦环板，透雕斗簇C字纹，站牙与斜案的披水牙子上也锼刻C纹饰，屏心嵌镶大理石彩纹板。案屏最小的是画案上陈放的砚屏，为墨与砚的遮风，尺寸一般为一二十厘米长宽。再如提盒，古代的提盒主要是用来盛放食物酒茶的，便于出行携带。至于明代文人所钟情的用硬木制作的提盒，不是食物盛器，而是用来存放玉石印章等小件文玩的；置放在文房案桌上又可作为摆设欣赏，是文人墨客的至爱。一般提盒有二撞提盒与三撞提盒之分，四撞提盒极少，尺寸为二三十厘米长宽高。又如官皮箱，为平常人家常备之物，不为宦官人家所特有，形制尺寸也差不多。一般顶盖下有平屉，两扇门上缘留子口，用以扣住顶盖。顶盖关好后两扇门就不能开启，门后设有抽屉，底座镂出壶门式轮廓并刻上卷草叶纹。需要说明的是官皮箱平常人家用来存放女眷饰品，而文人墨客就用来收纳玉器象牙等文玩。此类文案清供以黄花梨、紫檀木制作的最为名贵。无论提盒还是官皮箱因常常开闭移动，往往在转角处包裹上薄薄的铜片，年代既久，磨洗发亮，就越发显得古朴典雅，四只角古铜色的小小铜片与提盒的硬木花纹相映衬，构成一种低调的奢华。

　　文房清供中的案头家具在明清的文人眼里不仅仅是一种实用器具，更是一种可供赏玩的艺术私藏品。文人还积极投入这些清供用品的创意制作过程，在其中融入更多的文化精神和美学思想，体现文人独有的生活理念和情感追求，使这些精巧的案头家具更具文化的魅力和价值。有些文房家具作为玉器、瓷器和象牙制品的座托和几架，原本是配角，但因构思精巧，制作精良，竟也与古玩主角相辅相成，相得益彰，直至浑然一体，难分伯仲。

紫檀木盒
长27cm，宽16.5cm，
高9.5cm
私人收藏

明清时，这些器具的制作有着极为严格的规定和具体的要求，无论是民间的能工巧匠还是宫廷造办处的督办大员，从选料到工艺把控，再到成品检查都力求一丝不苟，精益求精。特别是清代宫廷文房用具，均以内廷样式制作，一部分由内廷造办处自行督造，一部分交由地方按内廷式样制作，也有地方巡抚官员按年例进贡的方物制作。其造型、质地、种类丰富多彩，凸显文房用具的雅致与精巧，可谓美轮美奂，无与伦比。作为文案清供的微型家具制作，一般具有这几大特点：一是宫廷内府的形制规定明确；二是文人墨客的直接创意；三是选料考究，多用黄花梨和紫檀等硬木；四是工艺复杂，虽属微型家具，但在榫卯结构上丝毫不差；五是用工耗时多，做工精湛；六是不落俗套，别具一格。

文案清供，包括旧时文人和宫廷内府文房书斋案上所陈设的摆件古玩，与这些摆件古玩的座托、几架、箱盒等，形制虽小，气韵超拔。其用料、工艺等都是优中选优，好上加好，精中更精，是明式家具的微缩与精粹。明清文人及失意官宦期望过一种闲云野鹤般的生活，在这些文案清供的陪伴下，追慕宋元文人的行止和心绪，避世逃遁，安妥心灵，独善其身，保全人格。无论是紫砂壶，还是几案家具都是他们眼中的山林，心中的乐土，在浮华喧腾的市井巷陌中拥有这样一方清幽雅致的天地，是何等的别有洞天。

不俗即仙骨　有情乃佛心

——明式家具和紫砂品赏与
生活的艺术

　　研究明式家具和紫砂壶这两种器物在美学上的关联性，必然要探究明清江南文人群体的精神世界和审美旨归，以勾勒实用器具艺术化的过程，还原一段风华，再续一脉清韵。这是对传统文化的一份追怀，对"逝去时代的风致"的一种摹写，更是对生活艺术的一番品味与感悟。自古至今，江南地区文风鼎盛、文脉绵延，钟灵毓秀，蔚为大观。然而，世事流转，沧海桑田，那个穿行在历史烟尘中的"江南"容颜渐改，如今再来说旧事、道古人，颇有"待从头，收拾旧山河"之感。岁月变了，环境变了，社会的风习、审美的标准、价值的取向也可能改变，但总有一些沉淀已久的东西是不会变的。所谓"回首清晖来时路，古月依旧照今人"，人们对美好境界和理想生活的向往与追求总是一脉相承的。

（一）

　　如何把中国人的传统生活智慧、过往的都市生活乃至整个江南鲜明的地域文化特征表现出来，对现代人的生活有所启迪、有所借鉴？生活中常见的紫砂和明式家具是两种值得品味和观照的对象，这两样是具有实用价值的生活用具，但同时在制作和演化过程中由于有历代文人的参与介入，而成为地方文化和人文精神的独特载体。借家具风骨显文人的神采，用紫砂清洌舒心中之块垒，也算是"通古今之变，成一家之言"吧。

明式家具和紫砂茶壶，材质不同，形态有别，用途迥异，但一样的简洁而凝重，素朴而典雅，仿佛是天生丽质，光华自现，又好像是天工巧夺，神韵宛然。静观之，细品之，轻抚之，可在与现实的若即若离中体察内心的叩问，聆听心灵的回声。这是一次快乐的探寻之旅，明清家具和紫砂，这些散发着文人思想和情感气息、浸润着文人审美情趣和价值取向的文化遗存，虽然经历了岁月风霜的磨洗，却依然保持着温润而洁净的光泽，好像在娓娓诉说，喃喃絮语，静静表露，让现代人从这些曾经带有旧主人体温的物件中追寻到文化潜滋暗长、绵延不绝的根脉和源流，感受到相承相依、永不衰竭的精神和力量。

"当代草圣"林散之曾手书联句"不俗即仙骨，多情乃佛心"，竟与明式家具与紫砂壶的意蕴雅趣完全贴合，堪称绝配。于此，仙骨就是风骨，即高蹈出世、高标独立的精神气质和人格理想，表现为对人生至高境界矢志不渝、执著坚韧的探索和追求，是一种超然和洒脱，也是一份傲然与清醒。而佛心就是一份至诚、天然、率真的人生态度和处事原则，表现为对世间万物平和真诚、充满感情的关怀和关爱，是"己所不欲，勿施于人"的悲悯和宽容，也是"采菊东篱下，悠然见南山"的回归和平淡。仙骨是狂狷，佛心是圆融，原则与

到吉槐唐寅画
谢功名念清梦应无
生闲诚睡眠来此生已
十里桐阴覆紫苔先

明·唐寅《桐阴清梦图》
故宫博物院藏

灵活，持守与包容相辅相成，和谐统一，这就是人生的至高境界。

世上芸芸众生，大多是红尘中人，不可避免地为稻粱谋，但在物质的基本需求达成后，在为事业尽心竭力的工作之余，我们的生活应该是怎样的一种情态？以现今许多人喜爱的收藏为例，是追求流行的恶俗之物，还是以质朴的东西怡情养性？是斤斤计较于其显性的价值，还是于"把玩"中得到心灵的慰藉与享受？是在沉溺中不可自拔，"玩物丧志"，还是从中寻求到超越物态、物欲的一种新的动力，更好地投入生活、投入事业？答案不言自明，但能真正做到殊为不易。其实这皆在于"心"。面对充满诱惑的世界，我们何不以一种更为健康的心态，"放下一点"，"不以物喜、不以己悲"，不为物质、不为功利所累，保持精神生活的纯净，更加从容自得、气定神闲，达到内心与外界的平衡与和谐。

（二）

正因为有文人士大夫们的积极参与，明式家具与紫砂器方从"日常生活用品，逐渐转变或演绎为一种文化品位、审美趣尚、生活理念的载体"。紫砂壶和明式家具，两者的文化内涵既相异又相通，从中可以清晰地勾勒明清文化的脉络，把握明清文人独特的审美取向，从而从美学的角度打通其内在的关联，对其在文化上的认知价值作一番再认识，再考察。

一是"打通"的视角与理念。"打通"的概念源自通感这一艺术创作和鉴赏中常见的现象或手法。原本互不关联的艺术门类和形态通过不同感官的感觉互通而联系起来，使审美主体对审美对象的感受更加清晰而完整，理解更加深刻而透彻，从而实现审美认知上的提升和超越。对此，钱锺书在他的《管锥编》、《七缀集》中均有论述，影响深远。

对同时代其他艺术门类的研究，看似与家具和紫砂壶的关系不很密切，其实是为了将它们之间的审美视角"打通"、"互训"。也就是在一个相对宏阔的背景上，打破作为工艺美术层面的明式家具、紫砂茶壶与古代思想史、艺术史、文学史等领域之间的壁障，对明式家具、紫砂茶壶中所蕴含的艺术特质、艺术内涵、艺术魅力及与明清文人生活的关系进行整体性的考察。

从彩陶、青铜、玉器等的形制纹饰，直至后来的书法、绘画与佛像泥塑，中国古典艺术总体上来讲都是以高度抽象和最单纯、最朴素的形态来表现的，并从中还原出充满无限意蕴和情感的精神世界。家具、紫砂与文人之间从另外一角度看，也是"互训"关系。一方面，由于有文人对明式家具和紫砂壶制作的介入和参与，使明式家具、紫砂壶充满了高雅气息和人文情韵；另一方面，明清文人也通过对明式家具、紫砂壶的钟情赏爱，使自己的日常生活方式更多地体现了一种诗意的、审美的性质。从明式家具、紫砂壶还可联系到当时风靡的昆曲"水磨腔"，皆是细腻婉转、精良圆润。"朝飞暮卷，云霞翠轩，雨丝风片，烟波画船。锦屏人忒看的这韶光贱"。这不仅是杜丽娘的感叹，也是士大夫典雅趣味的折射，这种趣味自然也反映到明清家具与紫砂的制作和品鉴中。

在中国艺术的发展中，功能性和审美性的统一，是一个突出的特点。可以这样认为，明式家具、紫砂壶的产生是中国艺术发展的一种必然。正如文学艺术由诗而词、由词而曲的发展轨迹，也是纯艺术与世俗相融的过程，与明式家具、紫砂壶打通艺术与生活的情形完全一致。明清文人对明式家具和紫砂壶的钟情赏爱，正是他们追求生活的诗化和诗化的生活的最好体现。

二是简素与空灵的美学思想。明式家具和紫砂壶最大的艺术魅力就是简练素雅、流畅空灵，其中简练是第一位的。删尽繁华，才能见其精神，达到艺术审美的最高境界。有明一代，文人阶层中普遍出现了追求空灵、清逸、隽秀的趋向，这是我国美学思想精髓的自然演进，绝非形式主义的倒退，而是艺术的高度概括。中国传统艺术简言之就是线条的艺术，这种线条如此简单，却又意蕴深厚。面对自然、艺术，中国文人在"有与无、少与多"中参悟，结果是淡泊，是简练，是万事皆无可无不可的一种境界。在这种境界中，繁与简、少与多、瞬间与永恒都达到了完美的统一。比如在画幅之间留白的做法在中国画创作中是常见的，空间的疏密也带来意境上的空灵和充盈，有和无、虚与实、浓与淡、枯与腴等等都是可以转换的，是相互补充、相辅相成的。

无论书法、绘画还是音乐、舞蹈等艺术形态，在简约中追求丰盈的效果，这都是当时的美学走向。紫砂壶有"光货"与"花货"之分，而大凡文人参与制作的以"光货"为多。究其原因，"光货"更体现中国传统艺术的线条美，体现文人返璞归真、化繁为简的艺术审美情趣。"花货"虽惟妙惟肖、工艺超群，却与简素空灵的审美取向相悖。可惜的是，此种审美意趣自清后逐渐式微，少数民族入主中原后呈现出的一种"暴发户"心态，致使用料求大、求贵，工艺繁复的物件大行其道。

三是由"器"入"道"的精神指向。明式家具和紫砂壶都是一种"器"，但对其仅作一般技术层面上的品识赏鉴是远远不够的，而必须由"器"入"道"，着力抉发其背后所蕴藏的艺术特质、内涵和魅力，以及"器具背后的人和人的心灵世界"。这种"道"，是对文化的敬畏，对传统的尊崇。如，曼生壶的制作工艺，以今天的眼光来看，其细节远不如今天工艺师的作品，然而从器形、气息上看，都显得高雅脱俗，题句更是隽永深奥，富有意趣，如此诸般，却是今人所不及，这就是人文情怀。又如，古代文人的坐具，刻上铭文，流传有序，其价值则完胜于相同的民间坐具。

《礼记·学记》云："大道不器。""不器"才能把握住成为"君子"的根本。德国政治经济学家和社会学家马克斯·韦伯曾对"君子不器"做过发人深思的论述："孕育着古老传统的儒教官职追逐者，自然而然会将带有西方印记的、专门的职业训练，视为只不过是受到最卑微的实利主义驱使……'君子不器'这个根本的理念，意指人的自身就是目的，而不只是作为一个有用之目的的手段。"李泽厚先生在其《论语今读》中也对这个概念作了阐释："人不要被异化，不要成为某种特定的工具和机械。"在明清文人的文化活动中，物化的体现是基础。明末戏曲家、散文家张大复如此描绘他的生活理想："一卷书，一麈尾，一壶茶，一盆果，一重裘，一单绮，一奚奴，一骏马，一溪云，

榉木圆角柜
长90cm，宽45cm，
高172cm
私人收藏

一潭水，一庭花，一林雪，一曲房，一竹榻，一枕梦，一爱妾，一片石，一轮月，逍遥三十年，然后一芒鞋，一斗笠，一竹杖，一破衲，到处名山，随缘福地，也不枉了眼耳鼻舌身意随我一场也。"所见无一非物，却有超然物外的意境。事实上，明清文人的精神世界并未脱离既有世俗世界的物化。他们的行止中，包括了空间规划（园林建造）、器物赏玩（紫砂、古玩）、制艺装饰（家具）、美食品尝等种种物化形态。但这些物化的形态在其本体的基础上，又被文人们置于新的时空中，赋予了新的内容，使得这些物化形态在实用性的前提下，建立起一个无关乎现实利益的新境界。明中期以来，文人对特定的具象事物刻意追求，在日常生活中营造出赏玩的环境和规则，通过结社等方式的推广，逐渐形成一种社会文化生活形态。

四是"天人合一"的自由境界。"天人合一"是中国古典哲学的基本命题之一。《老子》有云："人法地，地法天，天法道，道法自然。"汉儒董仲舒明确提出："天人之际，合而为一。"按照儒家道统，天是道德观念和原则的本原，人心中天赋地具有道德原则，这种天人合一是一种自然的而非自觉的合一。但由于人后天受到各种欲望的蒙蔽，不能发现自己心中的道德原则，因此必须以修行去除外界欲望的蒙蔽，达到自觉履行道德原则的境界。

而明清文人在重新建构自身的精神世界后，已将凡俗中艰苦的修行，置换成在愉悦中的一种体悟。无论是紫砂壶、明式家具，其内涵都已将中国传统的文化精神高度抽象，而在没有世俗生活压力的品鉴把玩中，文人以自身对文化的理解，以及当时的心境、情感，将这种抽象还原，唤醒了诗性审美的内在本真。

（三）

历史总有惊人的相似之处，历史对于我们的教益也是惊人的相似。任何一种社会现象、社会存在，必须从其依托的历史背景去评价和解读，并从中得到值得今天的人们思索和借鉴的东西。

自宋代以降，作为经济文化中心的城市已极具规模，北宋的汴京、南宋的临安，明朝的南京、苏州、杭州都是五十万以上甚至百万人口的大城市，即便是无锡这样的小县城，也是极尽繁华。无锡北塘沿河是著名的"米码头"、"布码头"，是苏南地区农产品、手工业品的重要集散地，这里各种娱乐休闲的场所应有尽有，以满足士绅市民各阶层的需求。据记载，北塘大街，自莲蓉桥北堍向西至三里桥，原本是京杭大运河的一条塘岸，俗称"北门塘上"。明代，"北门塘上"逐渐形成街市，并建有接官亭和北码头。明嘉靖年间，米市首先在"大桥下"（莲蓉桥）出现，并沿北塘大街向三里桥发展，光绪年间在不到一公里的沿河就有大小粮行八十余家。米市兴起的同时，山地货行也陆续出现，连成一线。到清末民初，这里形成以米市为中心、山地货、干鲜果行和船具用品商店为特色的繁荣商贸街。

明清是中国封建社会的最后两个王朝，虽也经历过万历、康乾等"中兴"与"盛世"，却不过是回光返照而已。但即使是帝国斜阳，这个时代仍有着"天朝"的风范。经济的快速发展，使整个社会的财富积累达到了较为丰富的程度。在明代中期之后较为开放的社会管理思路下，以城市为中心的社会也呈现出几乎没有变动的平缓状态，这种状态直接投射到人的生存状态上。在社会流动性下降的大环境下，精神上超然于世俗生活的"士人"阶层开始逐渐展现出清晰的轮廓，成为当时社会一个鲜明的写照。与传统封建社会门阀制度所形成的世族不同，明清的"士人"以知识分子为主。而明代"心学"兴起，打破了传统儒学的体系架构，将认知和体味的方向直指"本心"，形成了知识分子阶层对世界、对人生、对社会不同的体验和观照，并进而形成了一种新的文化

楠木亮格柜
长86cm，宽43.5cm，
高160cm
私人收藏

思潮。我们可以从四个维度来考察明清这一独特文化现象的产生背景。

一是生产力的高度。根据学术界的研究，当时中国具有占全球财富总量三分之一的经济实力。德国学者贡德·弗兰克在其《白银资本》一书中说："如果说在公元一八○○年以前，有些地区在世界经济中占据支配地位，那么这些地区都在亚洲。如果说有一个经济体在世界经济及其'中心'等级体系中占有'中心'的位置和角色，那么这个经济体就是中国。"统计数字表明，明洪武二十六年（1393），全国人口为七千万，崇祯三年（1630）就达到一亿九千万。中国明代远洋船舶吨位达到一万八千吨，占世界总量的百分之十八。永乐时铁产量达九千七百吨，其时西方诸国中，俄国铁产量最高，不过两千四百吨。来自葡萄牙的耶稣会士曾德昭在其所著《大中国志》中以游历的观感详尽地描述了明代中国在西方人眼中的神奇和富有："在这个大国，……人们食品丰富，讲究穿着，家里陈设华丽，尤其是，他们努力工作劳动，其中有一些是大商人和买卖人，所有这些人，连同上述国土的肥沃，使它可以正当地被称作全世界最富饶的国家。"明代的科学技术也达到了极高的成就，如造船、航海等技术，以及机器制造、火器、农业等在世界上均处于领先水平。国人熟知的英国科学家李约瑟，在其皇皇巨著《中国科技史》中说："就技术的影响而言，在文艺复兴之时和之前，中国占据着一个强大的支配地位。"

生产力的高度发达为社会提供了极大的财富。曾德昭在其所著《大中国志》中描述："达官贵人的服装使用不同的颜色的丝绸制成，他们有上等的和极佳的丝绸；

普通穷人穿的是另一种粗糙的丝绸和亚麻布、哔叽和棉布，这些都很丰富。"意大利传教士利玛窦也很钦佩中国的文明和文化，认为"中国的伟大乃是举世无双的"，"中国不仅是一个王国，中国其实就是一个世界"。他还对当时中国人的学识能力和修养大加赞赏。利玛窦看到的正是万历年间的大明王朝，看到是数千年孕育而积聚起来的中华文明之光。

此时，一部分人在已不用为掌握基本生活资源而奔忙的情况下，生命活动得以超越解决温饱的世俗层面，抛弃了匮乏时代的堆砌、积累，转而开辟新的生活空间。这其中，作为知识阶层，开始更深地探究生命的价值和意义，并在得到相应结论的基础上着力建构生活的趣味。

二是享乐主义心态。与明代朝野中充斥的酷戾之气相映成趣的是，整个社会呈现出的是一种宽厚和包容的心态。因为物质生产、科学技术无与伦比的成就，从统治阶级到一般的知识阶层都能够以一种开放、平和的心态去接纳异质的技术、学说。如利玛窦的活动就曾得到万历皇帝的鼓励。而崇祯帝为挽救明朝的颓势，对新鲜事物也采取开放态度。如为了"仰佐中兴盛治事"，意大利传教士毕方济提出了"明历法以昭大统"、"辨矿脉以裕军需"、"通西商以官海利"与"购西铳以资战守"等四条建议，崇祯即批准徐光启"以其新法相参较，开局修纂"历法，并下令再次开放了海禁。

与此同时，社会上也弥散着一种怒马轻裘、柳岸灯影、风流自赏以及互赏的旖旎气息。这种近乎末世的气息在文人士大夫阶层的推动和践行下，成为当时社会的主流。文人们或沉醉于温柔乡中，纵情享乐，或隐匿于山水园林间，优哉游哉，或混迹于市井，自得其乐，虽然有无奈的成分。投射到审美的平面上，这种本真的追求就以"空灵、简明"的外在形态体现出来。

三是思想的开放。龚自珍在其《江左小辨叙》中道："有明中叶嘉靖及万历之世，朝政不纲，而江左承平。……风气渊雅……俗士耳食，徒见明中叶气运不振，以为衰世，无足留意。其实尔时优伶之见闻，商贾之气习，有后世士大夫所必不能攀跻者。"他认为明中叶以来的社会演化不是衰世，而是新的开端。此时，随着思想禁锢的略微放松，各种社会思潮开始各擅胜场，许多人从传统的儒学思想束缚下解脱出来，开始以一种新的视角、新的思维模式打量大千世界。

随着商品经济发展和市民社会成熟，社会思想的变迁是必然的趋势。明朝以来，以江南地区最为明显，人的主体性在经济、政治、意识形态以及社会文化生活等方面日益觉醒，整个社会充满了实践精神。事实上，明代心学的宗旨之一，就是追求人在社会中的主体性，独立去寻求新思想、新认识的真切表达。这种表达在一定程度上以"奢靡之风"的外在形态表现出来。深入解剖之下，明清江南的"奢靡"之风与传统封建社会的病态消费还是有所区别的，它其实是对传统生活态度的一种反叛，某种程度上也是对封建礼制的一种突破，这种突破冲击了封建伦理道德观念，使人的精神生活和审美情趣得到了广泛的释放。

四是文化的核心作用。明清时期，科举制度与经济发展等结构性的因素，使单纯科举的道路形成了雍塞，社会出现了数量庞大的士人群体，这些士人绝大部分无法真正进入仕途，儒学正统中"入世"的教诲令他们对人生和社会仍抱着积极的态度，但现实的残酷也让他们的理想时时幻灭。如何在"入世"与"出世"间找到一条进退自如的路径，成为当时重要的社会文化命题。与此同时，面对奢华的消费风气，明清文人除沉溺其中外，更多地承受着来自世俗阶层僭越模仿的挑战，如何提升品位，如何有别于俗文化，成为明清士人的一种必然思考。而彼时崇尚个性的文人风骨，令文人们即便在有入仕的可能时，亦考虑并准备着悠游于山林的情状。三袁之一的袁中道虽执著科举，并最终考中为官，但也发出这样的慨叹："人生果何利于官，而必为之乎？"

清晚期·玉麟款扁圆壶
故宫博物院藏

在明清文人理想生活的想象和构建中，"闲"是一个重要的概念，这种"闲"不仅是外在体现的较慢节奏，亦不完全是消极性的淡泊人生观，而是在对抗世俗世界，颠覆既有社会价值的基础上，创造出新的人生境界的作为。文人们通过将自我的人生投入到这个境界中，营造出新的生活形式，发现人生新的价值和意义。追求一种审美的生活意境，作为感官的伸展、个人情感的寄托，甚至生命的归属，正是明清文人生存的重要标志。追求诗意的生活成为一种生命态度，这种生命态度几乎贯穿了明清文人的精神世界。这种具有高度理想主义色彩的生命态度，令明清文人作为一个群体，从"艺术的生活化"走向了"生活的艺术化"，从"艺能"的追求超脱到"情趣"的追求，从"术"和"器"的衡量标准上升到"道"和"心"的检验尺度,从"诗意的生活"的境界升华到"自在和自由"的境界。

(四)

家具和紫砂壶,体现了明清文人独特的审美观。从审美进而探究深入,这也反映了当时文人的诗意生活,也就是对生命真正的价值追求。追求简约、平淡、雅致的生活方式,排斥和摒弃繁琐、秾丽、雕饰的生活,这就是艺术生活的真谛。就当下而言,这种雅致的生活方式可以满足人们心理层面更为本真的需求,这种满足是甘美的食物、高档的消费、曲意的逢迎所无法达成的。

那么,如何才能达到这样的境界呢?我们不妨仍从明清文人的生活态度中试着找到一些端倪,这也算是"假古人以立言,赋新思于旧事"吧。

一、从传统中发现一种诗意的生活。中国的文化传统源远流长,所谓"耕读传家久,诗书继世长",农耕文化是中华传统文化的根基,而诗礼传家是中华传统文化的精髓。中国的历代文人墨客为我们创造了如此众多的诗文歌赋、金石书画、文房雅玩、清辞丽音,在其中浸润了中国人的情感和智慧,是中华民族生生不息、长盛不衰的精神纽带和文化血脉,对于前人如此精巧、精致、精美的创造,我们应该保持一份足够的尊重和敬仰,"秋雨一帘苏子竹,春烟半壁米家山",这是扬州瘦西湖徐园中的一副对联,一语道出了多少的诗情画意。十七世纪法国哲学家帕斯卡尔说过:"人应该诗意地活在这片土地上,这是人类的一种追求一种理想。"我们在明清文人精神和智慧创造的艺术世界里漫游，也是在接受一份诗意的熏陶和审美的洗礼。郑板桥说："汲来江水烹新茗，买尽青山当画屏。"这是明清文人的理想生活，也是一代又一代中国人传承久远的诗意人生。

二、由纷扰的世俗回归精神的家园。现代人的生活纷扰繁杂，竞争的压力、俗务的纠缠，每个人其实都在社会这个硕大的机器里不由自主地浮沉，但一旦闲下来，静下来，就会有一种莫名的空虚感和寂寞感，找不到安身立命之处。因此，在繁忙工作之余培养一种健康有益的爱好是很有必要的。一个人拥有一点高尚高雅的志趣，留有一方自己心灵的后院，保持一份宁静平和的好心态，就有可能进入"星垂平野阔，月涌大江流""落霞与孤鹜齐飞，秋水共长天一色"的自由畅快境界，找到情感的寄托和归宿，找到纾缓情绪的渠道和出口，这是一种放飞，也是一种回归。当然，过分沉溺其中而无法自拔也不足取。现在，有些人收藏玉石、古玩等到了痴迷的地步，过分追求收藏品的物质价值，或奇货可居，或待价而沽，或炒卖炒作，这就走火入魔，物极必反了。把握住分寸和度，玩物就未必丧志，必然可以怡情养性，砥砺心志，提升境界，完善自我。

三、以淡定的态度倡导朴素简约的人生。滚滚红尘，物欲横流，疲于奔波，难免有时气结。"事能知足心常惬，人到无求品自高"，恬淡宁静，从容自若，以超然的心境看待苦乐年华，洞察世事，谢绝浮华，回归自然，人生自然会呈现出另外的一番风景。积极入世可以有多种的表现形式，慷慨激越，奋斗进取，自然可敬可佩；但从容而不急进，自如而不窘迫，恬淡而不平庸，也未尝不是又一种积极。现代社会物质财富极大丰富，在满足我们各种感官享受的同时也形成了爱慕虚荣、追逐浮华的社会风气。世态喧嚣，人心浮躁，人们不大愿意沉下心来去学习和思考，而仅仅追求表面上的东西。人们不再崇尚触动内心的文学艺术，而更愿意在快餐式的文化中聊以自娱。当下，更需要我们重新审视生活的意义究竟何在。因此，到我们的先贤和前辈那里去汲取一点生活的智慧和艺术的养分，摈弃奢华，找回淳朴，摈弃繁琐，找回简约，学会放下，懂得从容，你就会发现阳光下处处是风景，风雨后总会有彩虹。

四、于闲适中找到生活的本来节奏。"闲"是明清文人诗词、散文篇中多见的字眼或情状。明人华淑曾云："夫闲，清福也，上帝之所吝惜，而世俗之所避也。一吝焉，而一避焉，所以能闲者绝少。仕宦能闲，可扑长安马头前数斛红尘；平等闲人，亦可了却樱桃篮内几番好梦。盖面上寒暄，胸中冰炭。忙时有之，闲则无也；忙人有之，闲则无也。昔苏子瞻晚年遇异人呼之曰：学士昔日富贵，一场春梦耳。夫待得梦醒时，已忙却一生矣。名墦利垄，可悲也夫！"事实上，这种"闲"已经超越了生活的状态，而成为一种生命态度。生活中能否发现美，其实全在于你的感受，"观山则情满于山，观海则情溢于海"，只有把情感投注到自然万物中，才会得到与天地同呼吸，与宇宙共俯仰的自由澄澈的境地，达到内心真正的平静和融通。"你站在桥上看风景，看风景的人在楼上看你。明月装饰了你的窗子，你装饰了别人的梦"。最美的风景源自人的内心，在某种程度上确乎如此。

王维诗中有云："蝉噪林逾静，鸟鸣山更幽。"中

明·文徵明《 茶具十咏图》
高136.1cm，宽26.8cm
故宫博物院藏

国古代俯仰之间皆是这种哲学的思辨，并非鸦雀无声才是静，一鸟啼鸣更显山中清幽；苏州拙政园中的两个腰门分别为"通幽"与"入胜"，通幽才能入胜，入胜便是通幽，富有生活的哲理。有意识地让自己"闲"下来，我们才能真正地聆听到内心，才能真正体会到人生的意义所在。繁杂喧腾的日常事务使我们的内心变得麻木和粗糙，错失了很多生命中的美景，也错失了许多人生的趣味，而这正是要我们用心才能找回的。

人生一世，草木一秋，人的生生死死、人生的浮沉起落其实跟自然界的花开花落别无二致。光阴荏苒，日月如梭，选择适合自己的生活方式，追求理想的生活状态，不受外在潮流的影响，不盲从，不跟风，不虚度年华。假如处在一个焦虑的时代，怀揣一种焦灼的心态，你就无法找回逝去的风雅，如果你能有片刻的安宁，或许可能获得一份优雅的心情，保有一方沉静的心境。穿越时空，寻找一个尘封已久的生活艺术空间，在这个空间里，明式家具、紫砂茶壶等便成了人们生命投注的承载，浸淫其中，或许能超越于纷扰俗务而收放自如。把有限的时光用在自己最惬意的生活情趣上，提升品质素养、关爱家庭、关心朋友、学会珍惜，享受艺术、自在生活，简约不简单，平易不平淡，愿岁月静好，让心灵释然。

跋

　　《仙骨佛心——家具、紫砂与明清文人》原是为期刊专栏所作的一些杂感闲篇，随心所欲地将这些年读书、画画、品鉴玩味的心得串了起来，竟然也写了近十万字，在朋友们的勉励和帮助下，终于印成了这部书。真所谓无意而得之，然其快慰似乎胜于有意而为之。

　　明式家具与紫砂壶是传统集藏大项，收藏界对此二者有心得者甚多。关于其艺术经典的成就，海内外不少大家更有鸿篇巨制，或阐释，或研究，或演绎，或描材质的华丽名贵，或摹工艺的极尽精巧，或赞大师的卓绝技艺，或叹作品的空前绝后，可谓包罗万象。虽此中类目都有涉猎，但究竟是什么造就了明式家具和紫砂壶在海内外无与伦比的地位和人文魅力，除了工艺和材质的因素外，其渊源又在哪里，该从哪里追溯其人文的背景呢？这是长久以来萦绕我心的一个"结"。

　　或许，从明清文人的诗书画文去触摸他们的心灵脉络，去解开明式家具、紫砂壶所表现出来的那种特有的人文气质，就能解开心中的"结"。书中大量篇幅是对其他艺术门类的描述，实则与本书主旨密切相关，正是当时特定的社会背景，令文人在继承魏晋风骨时更显不羁和狂放，在继承唐宋文人的风尚中更显自适与豁达，在消极幻灭中仍自持一份淑世情怀，这就是我们所论及的明清文人的风流。人与物的关系是很微妙的，或玩物丧志，或物我两忘，或二者情状相融，难以言表。当那些有禀赋和激情的文人投入家具和紫砂壶的设计、制作中时，便创造出了一方属于自己的审美天地，在"把玩"的享受中其乐融融，也为后人留下了宝贵的艺术财富。正是明式家具、紫砂壶中体现的价值取向，演绎的人文生活情趣，展现的当时文人豁达的人生态度，让这些木与泥制成的器物发散出别样的人文情怀。

古今中外，大凡大匠运斤，都能巧夺天工、出奇制胜，而大师着手，则文心独具、文思独运，充分展现艺术造化。十六七世纪明式家具、紫砂壶的成就，是深深浸润着那个时代文人气息和艺术魅力的结晶。它们承载人的思想，表现文化内涵，震撼人的心灵，融入风雅生活，一器一皿、一款一式，见物见人，从中可以看出制作者的艺术修养、品位爱好、性情格调、为人处世，以简练的手法表现文人肃静的内心世界和不事张扬的情怀，简约内敛，含而不露，几千年中国艺术精神潜伏其中、光芒其外，丝毫不愧鲁殿灵光、千古文章。

明式家具和紫砂壶的工艺特质有其共同的一面，就是流畅的线条、精准的用料、细磨的功夫，与当时流行的昆曲"水磨腔"一样细腻婉转、精良圆润。"朝飞暮卷、云霞翠轩、雨丝风片、烟波画船。锦屏人忒看的这韶光贱。"这不仅是杜丽娘的感叹，也是士大夫的典雅趣味，同样也是文人感受明式家具皮壳和紫砂壶包浆的感触。紫砂壶、明式家具也好，昆曲也罢，所呈现的灵异之美、静穆之美、风雅之美，仿佛生命虽瞬如花火，但也灿如烟霞，在十六七世纪之交，这种生命的穿行伴和着艺术的吟唱，在云霞翠轩、烟波画船的绝美意境中摇曳生姿。

华夏文化在唐宋达到巅峰，在明清又被文人雅士所承传。在士大夫心醉神迷的年代，不管是亭台楼阁还是私房密室都是简而不繁，别样雅致。文人理想的世界里，这简约的场景往往还有着旖旎的温暖，灯影中香烟袅袅，膝上眼中的美人娇姿，伴着鬓影衣香，着实让人感慨夫复何求。而文人雅士的这段风韵，在名士冒襄悼念爱妾董小宛的"静坐香阁、细品茗香"（《影梅庵忆语》）记忆里，或许正是"累侬夫婿病愁多"的温洽。冒辟疆是读书人，风流自喜是一种生活，史可法也是读书人，鞠躬致命也是一种生活。士大夫追求名节和"红袖添香"都是一种宿命抑或时尚，几百年来，旧日的这份情怀早已如昔日流莺的啁啾若有若无，空余凋零的老树，轻轻发出那休恋逝水的喟叹，而在东瀛异域，这种士子文人的宿命与时尚却仍遗留在古老的"剑道"和"茶道"的精魂里。

当我们提到明清文人的生活，也并非是白发宫女坐说天宝事的空羡与伤怀，人类历史进程繁花乱眼，如行山阴道上，而猛然回首放眼，也觉空茫如海，不知前世今生。人生与文化的纠缠，也是一曲关于宿命、关于时尚的谣谚，而今沧桑正道，关山飞跃，寰宇如球，揽月捉鳌，然窗前一弯西江月，也让人不由生发碧海青天的夜夜心。

文化虽也如四季，阴阳消长，但四海之内皆为兄弟，千里之外已是比邻，文化的未来，也已薄如蝉翼，禁得起谁来拆？《诗经》有云"我有嘉宾，鼓瑟吹笙"，而这瑟笙中是否一如可染先生的漓江，有了西洋画的光影。这倒并非是文化保守主义的陈词滥调，只是作为一个文化关切者的一点私房话而已。

然而，文化的生命力远比我们想象的坚强，轮回的足音也并非来自空谷。从唐宋到明清是个文化的轮回，而今几百年过去了，万丈红尘中的层峦叠嶂，文化狼烟里的激流暗湍，中国还会再现类似明清文人雅士的风韵吗？或许这种流失已久的精神还会回来，一个正在成长的简约、和谐、悠闲的，以艺术为中心的"精神贵族"会再次回到中国人的生命态度中来。千百年来，中国艺术精神从来没有丧失过，然而它与生命的姿态睽违已久。千百年来他们一次次毁灭，又一次次重生。当流光涤荡过我们的生命，当我们回视明清士大夫的生活，总有一些或明或暗的片断翻跃徘徊；当我们穿梭在繁华的都市，无论生活如何紧张忙碌，总该有一种从容简约的文化消费方式，这就是十六七世纪渗透在明式家具、紫砂壶中的文人气质。这是中国人自己的倜傥风流，这是中国自己的风雅生活，这就是所谓"仙骨佛心"的灵魂所在。

文以载道，本书仅是在一个细小的分支上，对中国十六七世纪文人、明式家具与紫砂壶的艺术特质作了一次考量。当我们发现了紫砂壶和明式家具的魅力时，也体会到东方艺术和儒道释交相辉映的文化奇观。沧桑幻化，古今同心，紫砂壶和明式家具，让我们看到了至今仍在发散着的中国特有的价值观和人文精神。这本书研究的是一个过去时代的风致而已，花花草草谁人恋，酸酸楚楚谁人怨，不过是一枝一叶，如能对当下人们的精神世界和文化消遣提供一点启迪，则非我所敢奢望的了。

关于文人与紫砂壶、明式家具的叙说，前后写了十个篇章，几经修改，仍觉得不尽如人意。前八篇可成一个体系，从几个方面商讨他们相互间的关系和文化内涵，后二篇是列举陈曼生、唐六如这两大明清才子与紫砂壶、家具的不解之缘，可以单列成篇，也可以作为对前八篇的补充。当我写完最后一些文字，却因书名为难了。掩卷搁笔，抬头望见书斋墙上挂着的林散之老先生书写的"仙骨佛心"条幅，我情不自禁地拍案自语，那不是反映文人、紫砂壶、明式家具的最好的文字吗。所幸的是，冯其庸教授闻之欣然命笔为本书题写了书名，北京大学陈曦钟教授也在百忙中为本书作了序。他们对我这本小书给予的厚爱和提携，真是字字珠玑、难能可贵，我衷心感谢两老对我的关爱。

"草草不恭，敬请原谅"，本书所述仅是一家之言，不免贻笑大方，但生命里总有一些冥冥中的缘定，不期然间蓦地释放，在这里，我把我的"心结"打开，真诚地期待着读者的共鸣。

严克勤
岁次戊子年立冬
写于味绿居南窗

再版小记

　　《仙骨佛心》二〇一〇年十二月出版面市，两个月后就因市场需求加印，一本如此"小众"的书居然颇受读者抬爱，真让我感到意外且欣喜。五年来，不少读者通过各种渠道向我反映希望此书能再版。日前出版社拟修订再版，并嘱我在原书基础上作适当修改与补充。

　　修订版基本保持原书框架和面貌，仅在原有章节之后增加两个部分，一为《雅舍怡情　文案清供——明清文人的别有洞天》，主要叙述文人书房与家具及紫砂壶等文案清供的关系与功用，是原文内容的扩充和延续；二为《不俗即仙骨　有情乃佛心——明式家具和紫砂品赏与生活的艺术》，试着对本书的要旨和内涵做一番夫子自道。品赏明清家具及紫砂壶艺，借物喻理，曲径通幽，笔者聊发一家之言，供大家评骘。

　　此书能够修订再版要感谢出版社的肯定与支持，感谢读者的厚爱和青睐，特别要谢谢张荷女士始终如一的关注和帮助。谢谢我的太太顾瑾教授在我写作期间的辛勤付出。谢谢所有关心此书编辑出版的朋友与同事的无私奉献与友情相助。期盼《仙骨佛心》修订再版能一如既往地得到读者与市场的欢迎，希望能给身处社会转型期的人们提供一点精神上的愉悦和闲适，分享一份来自传统的人文荟萃与审美情趣。

严克勤

岁在丙申初春

引用图片著录书目

1. 《明式家具研究》 王世襄 著 香港三联书店 1989年7月香港第1版
2. 《中国古典家具博物馆图录》 中国古典家具学会 著 美国 Tenth Union International Inc 1996年8月第1版
3. 《永恒的明式家具》 紫禁城出版社 2006年11月第1版
4. 《画中家具特展》 台北故宫博物院 1996年10月第1版
5. 《柴砂壶全书》 韩其楼 编著 华龄出版社 2006年7月第1版
6. 《中国紫砂辞典》 凤凰出版传媒集团 江苏美术出版社 2007年9月第1版
7. 《中国紫砂茗壶珍赏》 上海科学技术出版社 2001年7月第1版
8. 《紫砂泰斗顾景舟》 徐秀棠、山谷 著 上海古籍出版社 2004年9月第1版
9. 《紫砂铭编》 江西美术出版社 2005年9月第1版
10. 《清代学者象传合集》 叶衍兰、叶恭绰 编 上海古籍出版社 1989年7月第1版
11. 《中国古代木刻画史略》 郑振铎 编著 上海书店出版社 2006年1月第1版
12. 《中国古版画·古典文学版画》（戏曲一、二)》 张满弓 编著 河南大学出版社 2004年1月第1版
13. 《日本藏中国古版画珍品》 周芜、周路、周亮 编著 江苏美术出版社 1999年9月第1版
14. 《石涛画谱》 香港 中国书局 1985年重印
15. 《明代玉器》 张广文 著 紫禁城出版社 2007年8月第1版
16. 《文人遗韵——蒲华、吴昌硕书画作品集》 河北教育出版社 2006年6月第1版
17. 《苏州古典园林》 上海三联书店 2000年1月第1版

图书在版编目（CIP）数据

仙骨佛心：家具、紫砂与明清文人／严克勤著．—增订版．—北京：
生活·读书·新知三联书店，2016.8
ISBN 978 - 7 - 108 - 05651 - 1

Ⅰ．①仙…　Ⅱ．①严…　Ⅲ．①家具 - 文化研究 - 中国 - 明清时代
②紫砂陶 - 文化研究 - 中国 - 明清时代　Ⅳ．① TS666.204 ② K876.34

中国版本图书馆 CIP 数据核字（2016）第 048974 号

责任编辑　张　荷
装帧设计　蔡立国
责任校对　龚黔兰
责任印制　徐　方
出版发行　生活·讀書·新知 三联书店
　　　　　（北京市东城区美术馆东街 22 号 100010）
网　　址　www.sdxjpc.com
经　　销　新华书店
印　　刷　北京图文天地制版印刷有限公司
版　　次　2016 年 8 月北京第 1 版
　　　　　2016 年 8 月北京第 1 次印刷
开　　本　635 毫米 × 965 毫米　1/16　印张 16.25
字　　数　150 千字
印　　数　0,001 - 5,000 册
定　　价　69.00 元
（印装查询：01064002715；邮购查询：01084010542）